U0257635

张雷 等 著

草地开发与土地利用

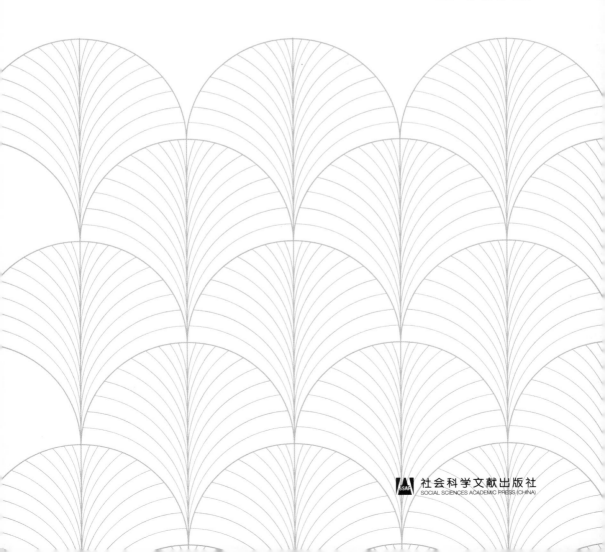

社会科学文献出版社
SOCIAL SCIENCES ACADEMIC PRESS (CHINA)

前　言

　　中国是世界上草地资源大国之一。中国的草地资源开发在古代文明时期人地关系的长期发育过程中发挥着无可取代的作用。翻阅史籍不难发现，中国的人文社会发展恰恰就是游牧与农耕两大文明长期冲突和融合的过程，而支撑中华文明长期发育的两大基础资源要素就是草地与耕地。然而当中国发展进入工业文明阶段之后，因传统生产经营无法适应社会财富快速积累的需求，中国草地资源的开发便迅速地被边缘化了。其结果是，在土地生物物质产出趋向单一化（粮食生产）的同时，我国草地资源开发的规模和质量全面下降。

　　进入现代文明时期之后，人地关系的发育不仅意味着人类社会财富创造能力的增强，而且意味着国家土地资源开发重组时期的到来。

　　人类发展的历史表明，土地资源的开发及其利用的空间重组是人类社会发展进步的基本保障和重要手段，是人地关系演绎的核心组成部分。从农业文明时期的乡土单一构成到工业文明时期的以城乡二元为主结构，再到生态文明时期的多元共生结构的转变正是目前世界各国土地开发利用已经和正在经历的实践进程。所不同者，国家发展越是现代化，其土地利用空间重组的主动意愿也就越是强烈，行为的目标也就越是明确。导致人类土地利用从被动到主动转变的原因在于，当进入现代文明发展时期之后，国家人地关系的演进不仅意味着人文社会财富创造能力的不断增强，而且也意味着资源环境开发所面临的挑战日益增大，因此不得不通过主动的土地利用空间重组以加以改善。

　　经历了 70 多年的大规模工业化开发，我国目前正处于现代化发展的关键转型阶段。一方面，实现从养活中国人向养好中国人的基本诉求转变，这是国家当下发展的第一要务；另一方面，完成从工业文明向生态文明的有序转变，这是国家发展的长期目标所在。显然，没有社会财富高质量积累和土地资源开发有效空间重组两者的时空协调和统一，国家现代人地关系的和谐演进便无法持续。中国的土地开发已有超过5000年的历史，未来土地利用空间重组将面临如何改善和提升土地整体产出质量的巨大挑战，其中草地资源的有效开发是取得预期目标的一大关键。这正是本专著撰写的核心要义所在。

全书包含十章内容：第一章由张雷和李艳梅撰写；第二章和第三章由张雷撰写；第四章由丁宇撰写；第五章和第六章由张雷撰写；第七章由张雷和朱守先撰写；第八章由杨波撰写；第九章由鲁春霞撰写；第十章由张雷撰写。

本书是国家自然科学基金面上项目（41571518）与云南基础研究重点项目（202401AS070037）的共同研究成果。

目　录

上 篇
现实挑战与基本认识

　　自从人类出现以来，就产生了人类文明进步与地球资源环境两者的作用关系，即所谓的"人地关系"。这种关系的演进不仅体现了人类社会对周围自然资源环境开发利用的深化过程，也展示了人类文明的进步状态。

　　古代文明时期，人类长期遵循着"天人合一"的自然法则，以求得自身的生存和繁衍。

　　进入现代文明之后，人类通过自身大脑的智能进化与手中各类工具的制造展开了大规模的资源开发活动，以此构建以人为主的地球物种竞争秩序。然而，大规模的资源开发活动在给人类带来社会财富快速积累的同时，也产生了巨大的生态负面效应。当历史进入 21 世纪时，日趋沉重的环境代价已在全面地侵蚀包括人类在内的所有地球物种发育的资源环境基础，其中最大的现实挑战之一，便是来自长期支撑所有陆生物种进化的土地资源开发利用以及由此产生的生物质能量供应安全。

第一章　现实挑战

第一节　现实挑战

人类作为地球上的陆生物种，土地是其生存和发展的第一自然要素。因此，土地的自然存在环境以及开发和利用取向对地区、国家乃至整个人类文明的发育往往起到决定性的作用，特别是对土地和人口资源大国而言，更是如此。

中国是世界上土地资源开发最早的国家之一，其开发历史甚至可以追溯到 10000 年以前（中国社会科学院历史研究所，2012；H. Ritchie、M. Roser，2019）。在漫长的农耕文明时期，中国的土地资源开发主要集中在黄河流域的中下游地区。直到明末清初时期，随着耐旱农业作物如番薯和玉米等的引进，中国土地资源的开发才开始向大河流域的上游地区进行大规模的推进（程鸿，1983；鲁西奇，2014）。

中华人民共和国成立后的 30 年，中国的土地资源开发依然遵循着养活国人的传统目标。然而，自 20 世纪 80 年代以来，快速发展的工业化和城镇化极大地加速了土地利用多元化的进程。进入 21 世纪后，情况开始发生变化。在经历了长期粮食自给后，2004 年以来中国粮食进口规模快速扩大。到 2020 年中国的粮食净进口量超过了 1.4 亿吨，其中大豆进口所占比重就达 97.5%（1.39 亿吨），成为全球最大的大豆进口国。

有鉴于此，近年来中央多次提出"把中国人的饭碗牢牢端在自己手中"的要求，并以此制定了"严守 18 亿亩耕地红线"的相关决策，这是一种出于强化国家食物安全的土地利用开发战略和发展安排。在 2022 年 10 月中共第二十次全国代表大会上，党中央明确提出执行这一决策的党政同责要求。

客观地讲，人类的土地资源开发从来都是随着其文明发育进程的不同阶段而变化的，特别是在国家现代化发展的转型阶段。全球土地资源存在着严重的空间分布差异，根据联合国粮农组织的统计数据，2018 年全球 191 个国家和地区中，实现粮食自给有余的国家仅有 24 个。虽然这 24 个粮食自给有余的国家只占全球国家总数的 12.6%，但它们却贡献了全球当年谷物产量的 49.28% 和谷物出口量的 73.30%（见表 1-1）。究其原因，这 24 个国家拥有充足且易于耕种的耕地是一大关键，其中土地资源大国如俄罗斯、印度、巴西等的作用至关重要。

表 1-1　2018 年 24 国主要指标占全球比重情况

单位：%

项目	国土面积	人口	可耕地面积	谷物产量	谷物出口量
占全球比重	46.71	33.34	51.41	49.28	73.30

注：2018 年全球 24 个粮食自给有余的国家为阿根廷、澳大利亚、巴西、保加利亚、加拿大、捷克、爱沙尼亚、芬兰、法国、德国、匈牙利、印度、老挝、拉脱维亚、卢森堡、摩尔多瓦、罗马尼亚、俄罗斯、苏里南、瑞典、泰国、乌克兰、坦桑尼亚和美国。

资料来源：FAO，2020；UNData，2023。

中国是世界上的土地资源大国，且开发历史悠久。但从土地利用的现状以及人口众多和社会发展需求多元的实际情况看，要实现"把中国人的饭碗牢牢端在自己手中"的国家发展战略诉求，仅靠"严守 18 亿亩耕地红线"，仍面临很大的挑战和不确定性。正因如此，明确面临的挑战和不确定性来自何方，是提升国家粮食供应安全的基本前提。

第二节　原因分析

就中国的情况而言，国家粮食供应在如此短暂的时间内便从世界上传统的自给有余国家快速转变为全球谷物进口的大国，究其原因，主要有以下三方面。

一　大众膳食消费结构的快速演进

1993 年 4 月 1 日起，国家取消了实施长达 38 年的居民食物购买票证和定额分配制度，从此，中国社会的食物供应开始了市场化发育的进程。与此同时，随着经济的快速发展和社会民生的大幅改善，大众膳食的消费结构也发生了重大变化。

数据分析显示，1980 年我国的人均粮食消费量约为 214 公斤，其中作为主食的稻米、小麦和薯类消费量为 212.8 公斤，占粮食消费量的比重超过 99.4%，包括肉、菜、蛋、奶、果等在内的各类副食的人均消费量为 128.6 公斤，主副食之比约为 1.0 : 0.6。到 2019 年，我国的人均粮食消费量为 130.1 公斤，其中主食用粮的消费量为 114.3 公斤，占粮食消费量的比重为 87.9%，同期的人均各类副食消费量为 232.0 公斤。主副食之比约为 1.0 : 1.8（见图 1-1）。

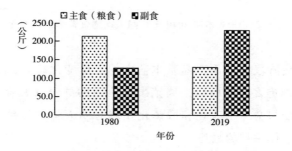

图 1-1 1980 年和 2019 年我国人均粮食消费结构变化

资料来源：历年《中国统计年鉴》。

图 1-1 显示，在 1980~2019 年的 40 年间，我国人均食物的消费总量仅增长了 20.7 公斤，增幅约为 6.1%。其中，我国人均粮食的消费量下降了 83.9 公斤，降幅达 39.2%；与之相比，我国人均副食的消费量却增长了 103.4 公斤，增幅高达 151.7%。随着上述人均食物消费结构的变化，维系我国大众日常活动的营养成分来源结构也发生了明显变化。初步分析表明，在我国全年人均膳食营养摄入的三大营养成分（按发热量、蛋白质和脂肪计，下同）来源中，1980 年主食所占的比重分别达到了 85.0%、83.8% 和 34.6%。但到 2019 年，上述三大营养成分摄入来源中主食所占的比重则分别降至了 75.6%、56.0% 和 9.9%，与 1980 年相比，我国人均主食摄入的发热量占比下降了 9.4 个百分点、蛋白质占比下降了 27.8 个百分点、脂肪占比下降了 24.7 个百分点（见图 1-2）。

上述主副食比例和营养成分摄入的变化客观地反映出我国大众的饮食

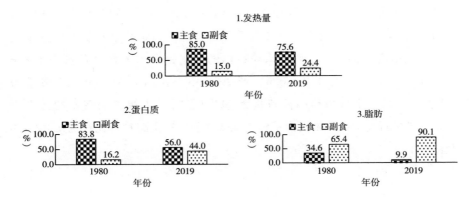

图 1-2 1980 年和 2019 年我国人均膳食营养结构变化

在不同社会发展阶段对农副产品基本需求的总体变化趋向，实现了从"瓜菜半年粮"的温饱发展阶段向"肉菜半年粮"的健康发展阶段的根本性转变。而这种转变与全球工业化和城镇化发展时期人均食物摄入的多样化需求增长保持着总体一致的趋势。

二 应对社会食物消费多元化的快速转变，国家粮食生产则表现出明显的力不从心

我国是世界农业生产大国，且经历了长达上万年的土地开发历史。中华人民共和国成立以来，我国始终将保障社会粮食供应安全置于国家发展战略的首要位置。2019 年我国耕地面积约为 1.28 亿公顷（19.18 亿亩），粮食产量 6.64 亿吨，人均粮食拥有量 471 公斤。与 1980 年相比，耕地面积下降了 4.8%，粮食产量增长了 107.1%，人均粮食拥有量增长了 45.0%。尽管如此，自 2004 年以来，我国的粮食进口规模不断加大，国家粮食供应的安全问题开始日渐凸显。

数据分析显示，2008 年我国粮食的供应对外依存度已超过了 6.6%；2010 年时则进一步突破了 10.0% 的关口；2020 年，我国的粮食供应对外依存度已快速上升至 17.19%，当年的粮食净进口量为 1.39 亿吨，其中作为居民食油和牧业饲料原料的大豆净进口量超过了 1.38 亿吨，约占全部粮食净进口量的 99.5%，以致我国当年的粮食对外依存度大幅升至到 17.19%，与

2000 年时国家粮食自给有余的状况形成鲜明对比（见图 1-3）。受此影响，国家粮食供应的安全问题再次成为国家安全战略的核心议题和重大挑战。

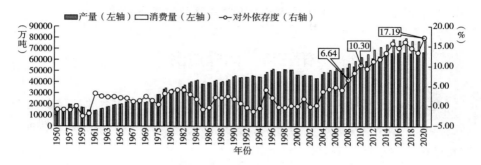

图 1-3　1950~2020 年中国粮食产量、消费量与供应对外依存度变化

资料来源：历年《中国统计年鉴》。

三　从长期发展的观点看，有限耕地资源的独木难以支撑起保障我国社会长期发展的粮食安全大厦

20 世纪 50 年代以来，耕地规模的扩大曾长期主导着我国土地利用空间的重组，例如大规模的东北荒地（北大荒）开发和新疆军垦建设。经过长期的艰苦奋斗，我国的农业现代化终于实现了第一阶段的发展目标，成功地"养活"了 14 亿人口。然而，当中国农业现代化开始进入第二阶段，即"养好"国人成为新的目标时，多年工业化和城镇化的快速空间扩张所造成的耕地资源萎缩则成为未来粮食生产发展的一道难以逾越的硬门槛，这也成为进入 21 世纪以来我国粮食供应对外依存度急速攀升的主要根源。

显然，如何通过土地资源开发的合理空间重组，满足百姓生活提高过程中食物消费需求结构多样化的演变，既是我国农业现代化发展一个无法回避的重大现实问题，也是我国资源环境持续开发所亟待解决的重大理论课题。

然而，问题的严重性远不止于此。就国家现代化的发展而言，中国不仅需要应对来自农业生产（吃好）方面的挑战，还需要应对诸如城乡建设（住好）、交通运输（行好）和环境治理（活好）等诸多方面的挑战。人类的实践已经表明，最终化解上述挑战的出路只有一条，那就是尽早构建起一个良好与和谐的国家人地关系。换言之，中国未来现代化的持续发展需要建立在坚实而可靠的资源环境基础之上。其中，国家土地利用和开发的空间重组正是实现这一战略目标最为重要的路径和最为关键的手段。

第三节　问题提出

进入 21 世纪以来，中国的国家粮食保障已经从传统主食供应链的安全转变到食物总体供应链的安全方面，其中以大豆为代表的饲料和食用油类用粮的供应安全最为关键。

我国在 1995 年开始有少量的大豆进口。进入 21 世纪后，中国的大豆进口规模呈现快速上升态势。数据分析显示，2000 年中国的大豆进口量超过 1000 万吨，占当年全国粮食类进口总量的 76.8%（见图 1-4）。2007 年，中国的大豆进口量超过了 3000 万吨，占当年全国粮食类进口总量的比重达到了 95.2%，为大豆进口以来的最高值。此后，大豆进口占全国粮食类总量的比重大体保持在 70.0%～90.0%。2010 年，中国的大豆进口量突破了 5000 万吨的关口。十年之后的 2020 年，中国的大豆进口量更是突破了 1 亿吨的大关，最终成就了中国作为全球最大粮食进口国的地位。

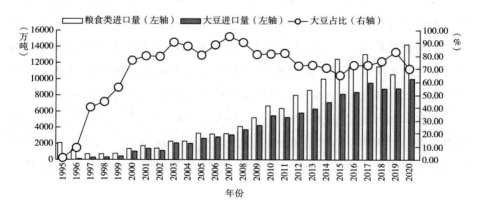

图 1-4　1995～2020 年中国大豆进口规模及占粮食类进口总量比重变化

资料来源：历年《中国统计年鉴》。

中国并非愿意花费大量外汇进口如此规模的大豆。然而，面对国内消费结构的快速变化，通过国际市场的商品交换来缓解自身供应的不足，也是一种必然的选择。

2020年全球大豆的种植面积为1.27亿公顷，产量达3.55亿吨。根据联合国粮农组织的数据，2020年全球大豆种植面积的94.9%和产量的96.7%出自巴西、美国、阿根廷、中国、印度、加拿大、巴拉圭、俄罗斯、乌克兰和玻利维亚10个国家。

中国是大豆的故乡，至今已有5700多年的种植历史。直到20世纪60年代，中国依然拥有全球42.0%以上的大豆种植面积和23.0%以上的大豆产量。遗憾的是，由于国家工业化初期的土地资源利用始终以百姓口粮（主粮）生产能力的增长为核心，大豆的种植面积20多年来持续萎缩。到1980年时，中国的大豆种植面积不足700万公顷，较20世纪50年代中期时减少了35.0%以上。进入21世纪以来，中国大豆的种植面积快速恢复到960万公顷。然而，由于长期在大豆种质开发提升方面的投入不足，中国大豆的单位产量目前处于全球生产大国的下游位置。例如，2020年中国大豆单产为1.98吨/公顷，仅为全球平均水平的70.9%，在10个大豆生产大国中位列第8。

我们做了一个初步估算：按照这种单产计算，如果中国未来10年将大豆供应的自给率提升至50.0%以上（约为5000万吨大豆产量）的话，除技术和资本外，种植大豆还需投入约1500万公顷的新增耕地资源。如此，全国大豆的种植面积将超过2500万公顷，占全国耕地资源总量的比重则将接近20.0%。显然，就中国现有的土地资源供给状态而言，若仅为大豆这单一粮食产品的生产就要占去如此多的有限耕地资源，实为下策，不可取！

毫无疑问，依靠科技创新大幅提高单产当属未来中国大豆生产的长期发展方向。目前中国的大豆单位产量只及全球平均水平的70.9%，与最先进的美国相比，差距更是在42.0%以上。加大资本、科技和人才的投入，未来10年中国有可能将大豆单产提高50.0%，达到3.0吨/公顷。即便如此，到2030年，中国仍需要投入约1000万公顷的土地来种植大豆，以确保国家大豆供应自给率的有效提升，而届时中国的大豆种植面积依然要占用15.6%左右的全国耕地面积（见表1-2）。

表 1-2　2020 年和 2030 年中国大豆单位产量及耕地占用趋势预测

项目	2020 年	2030 年	
		方案 I	方案 II
单位产量（吨/公顷）	1.98	1.98	3.00
种植面积（万公顷）	988	2510	2000
种植面积占全国耕地比重（%）	7.7	19.6	15.6

综上所述，在时间资源和耕地资源两者存在明显局限性的情况下，中国要想在根本上解决好以大豆为代表的粮食供应安全问题，亟须另辟蹊径。具体而言，就是要紧密结合全国正在开展的生态文明建设，全力推进土地与山地荒漠化治理的增绿工程，实现国家农用土地面积的有效增长，以此扩展大豆等粮食作物的种植面积，最终实现国家生产、生活和生态三者和谐发展和国家整体安全提升的总体目标。

中国是世界上的土地资源大国，但是在长期人为开发与气候变化的共同作用下，土地资源的质量下降明显。受此影响，目前中国已成为世界上荒漠化面积最大、受影响人口最多、风沙危害最重的国家之一。根据 2022年公布的第六次全国荒漠化和沙化的调查结果，2019 年全国荒漠化土地面积 257.37 万平方公里，其中沙化土地面积 168.78 万平方公里（新华社，2022）。这些荒漠化土地，特别是沙化土地，既是国家现实社会生活改善的生态障碍所在，同时也是我国未来生态文明建设的发展空间所在。

第四节　结论

作为世界上最大的发展中国家，土地资源既是维系中华文明长期发育的最重要物质基础，也是推进未来国家生态文明建设的唯一物质平台。近年来发生在中国的国家粮食供应安全问题明确无误地显示出，当社会发展开始从"养活国人"向"养好国人"阶段转变时，国家土地资源开发的空间重组便成为一种必然。这种国家土地利用空间重组的基本任务，除了继续提升已有开发土地的产能质量，稳步推进荒漠化土地特别是沙化土地资源的开发，扩展国家生态文明建设的绿色发育空间则显得格外重要。

中国是世界上土地资源大国，唯有充分利用好每一寸国土，国家才能获得一个坚实的持续发展基础，国家才能长治久安。

参考文献

中国社会科学院历史研究所、《简明中国历史读本》编写组，2012，《简明中国历史读本》，北京：中国社会科学院出版社。

H. Ritchie，M. Roser. 2019. "Land Use." Our World in Data. https：//ourworldindata. org/land-use.

程鸿，1983，《我国山地资源的开发》，《山地研究》第 2 期。

鲁西奇，2014，《中国山区开发的历史进程、特点及其意义》，《光明日报》，7 月 23 日，第 14 版。

FAO. 2020. "World Food and Agriculture-Statistical Yearbook 2020." Rome. https：//doi. org/10. 4060/cb1329en.

UNData. 2023. "Population." http：//data. un. org/Data. aspx？q = population + 2018&d = PopDiv&f = variableID％3a12％3btimeID％3a69.

新华社，2022，《我国荒漠化和沙化土地面积持续减少》，http：//www. xinhuanet. com/mrdx/2022-12/31/c_ 1310687528. htm。

第二章 基本认识

与地球上其他的物种相比，人类既有被动适应自然环境变化的一面，又有能动地创造大量体外工具以改造周围自然环境的一面，而最能展现人类这种主动创造与改造能力的物质能量来源就是人类赖以生存和发展的地球资源环境基础。从这个意义上讲，人类从愚昧走向文明的历史就是一部资源环境的利用与开发历史，而处在这一历史舞台中心位置的便是土地的利用与开发。

第一节 土地利用

一 土地：概念再认识

谈及土地的利用与开发就不能不涉及"土地"的概念，或者说对土地的基本定义和认识。

缘于探索视角的不同，目前学界对于土地有着不同的定义。例如，地质学界将土地定义为由地球陆地部分一定高度和深度范围内的岩石、矿藏、土壤、水文、大气和植被等要素构成的自然综合体。地理学家们则普遍认为土地是地表某一地段包括地质、地貌、气候、水文、土壤、植被等多种自然要素在内的自然综合体。

在我们已知的广袤宇宙中，地球是唯一一个拥有规模庞大、种类繁多生命体的星球。早在38亿年前，地球便出现了原核生物类型的初级生命形态。但是直到30多亿年后的寒武纪，在短时间内地球上生物的种类突然繁盛起来，且规模呈现爆炸式的增长，这就是被地质学界和生物学界所定义的寒武纪生命大爆发（理查德·福提，2009；王章俊等，2017）。在此后漫长的进化过程中，尽管经历了5次物种大灭绝事件，但凭借着适者生存的自然法则，地球表层的生物涅槃重生，在严酷多变的地球环境中始终保持着生物种群的规模增长和多样性发育，充分彰显了其自身强大的生命力。其中尤以陆生生物多样性发育所表现出的能力最为明显、最为重要，而支撑这种地球生物种群繁衍和多样性发育的关键空间基础便是人们所说的土地。在此方面，科学界新近的研究进展为人们重新定义土地的概念提供了新的方向。

2018 年，由以色列和美国研究人员合作，对全球数百项研究地球生物量的数据进行了综合分析。他们所做的研究报告主要集中在：生物总量、空间分布和陆地植被覆被状态三个方面。

第一，依据研究报告，地球全部生物量大约在 5500 亿 t C（活生物体内剔除水分之后有机物的重量），其中植物种群的生物量最大，约为 4500 亿 t C；其次是细菌和真菌两类，分别为 700 亿 t C 和 120 亿 t C；古细菌为 80 亿 t C；海藻、变形虫等原生生物为 40 亿 t C；包括人类在内的全部动物约为 24 亿 t C，其中的大部分来自昆虫、虾蟹等节肢动物及鱼类（见图2-1）。

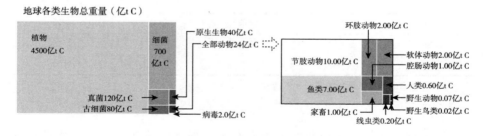

图 2-1　地球各类生物量

资料来源：Y. M. Bar-On, et al., 2018。

第二，研究报告对全球地表生物量的空间分布分析表明，在生存和发育环境的影响下，全球陆地生态系统（不包括底层深处约 740 亿 t C 的各类细菌等种群生物，下同）的生物总量约为 4700 亿 t C，占全球地表生物总量的 98.7%，其中陆生植物的生物量约为 4500 亿 t C，动物的生物量约为 200 亿 t C；全球海洋生态系统的生物量约为 60 亿 t C，占全球地表生物总量的 1.3%，其中海洋植物的生物量约为 10 亿 t C，海洋动物的生物量约为 50 亿 t C

（见表 2-1）。

表 2-1 全球地表生物量空间分布特征

单位：亿 t C，%

区域	植物	动物	生物总量	总量占比
陆地	4500	200	4700	98.7
海洋	10	50	60	1.3
合计	4510	250	4760	100.0

注：此表的生物量计算不包括地层深处的生物如细菌和古细菌部分。
资料来源：Y. M. Bar-On，et al.，2018。

第三，在陆生植物系统生物量的空间分布分析中，研究报告指出，林地的主导地位明显，其生物总量高达 3051 亿 t C，占陆生植物系统生物总量的 67.8%；位居第 2 的是草地，其生物总量为 1005 亿 t C，占陆生植物系统生物总量的 22.3%；耕地位居最后，其生物总量为 444 亿 t C，占陆生植物系统生物总量的 9.9%（见表 2-2）。

表 2-2 全球陆生植物系统生物量的空间分布

单位：亿 t C，%

项目	林地	草地	耕地	合计
生物量	3051	1005	444	4500
占比	67.8	22.3	9.9	100.0

注：全球草地不包括极地的苔原和不适宜人类放牧的草地。
资料来源：Y. M. Bar-On，et al.，2018。

上述研究成果极大地拓宽了人们对土地概念的认知视野。据此我们可以初步得出以下结论：土地所代表的地表大陆区域，是地球表层物质能量空间交换最为活跃和最为集中的场所，是地球生物最为重要的栖息地所在，因而成为包括人类在内的所有地球陆生生物群体演化的核心平台。从构成特征来看，土地是包括地质、地貌、气候、水文、土壤、植被等诸多自然要素在内的一个自然综合体。

二 土地利用与开发

人类是地球上唯一一个陆生高级智慧物种。自诞生之日起，人类就开始了对周围土地利用和资源开发的不断探索。时至今日，这种土地利用和资源开发的活动大体经历了采集游猎、农耕游牧和工业文明三个阶段。

1. 采集游猎阶段

同其他所有陆生的动物种群一样，人类自诞生后的很长时期内完全继承了祖先们的生活行为方式觅食、栖息，以维持自身的生存与繁衍。在陆地自然环境中，林地和草地无疑是生物多样性最强、生产力最高和食物链最长的两大土地类型，因而自然地成了这一阶段人类社会活动的最佳场所。然而，随着大气环境的多变（干旱、缺水、洪水）、生物种群数量的增长以及其他物种的竞争，人类最初诞生地有限的林地和草地生产力使得食物与能量的供给来源呈现日趋紧张的局面。迫于生存的压力，人类开始向出生地以外的地域游弋，以求寻找更大的生存空间。

大约在 20 万年前，人类手持着简陋的石器、携带着珍稀的火种开始从最初的诞生地踏上了漫漫探索地球大陆的迁徙之旅，徒步寻找适宜自身生存和栖息的理想伊甸园。

依据目前史学界最为流行的观点，人类的祖先完成从走出非洲到跨越欧亚大陆、进军澳洲，再到穿越整个美洲，这一大迁徙的过程花费了近 20 万年的时间。经历了千辛万苦，踏遍了千山万水，人类在这一大迁徙过程中最终找到了多处理想的栖息家园，并据此构建起了适宜自己的新生活方式——定居与游牧（Massimo，1992；西蒙斯，1993；斯塔夫里阿诺斯，2006；大卫·克里斯蒂安，2007；尤瓦尔·赫拉利，2016）。从采集游猎（人类文明第一步）到农耕游牧（人类文明第二步）的发展历程大约占据了99% 的人类文明发育时期（Simmons，1996）。

经历了漫长的大陆游历和探索，人类最终完成了从游猎到定居的历史性转变，从此步入社会文明的发育进程，而实现这一伟大变革的资源基础恰恰来自江河流域的土地开发和利用，即人类终于在江河流域的中下游地区找到了最佳的栖身之地，从此结束了四方游猎的历史，开始营造属于人类自己的家园。人类之所以能够做出如此智慧的选择，是因为江河流域中下游地区拥有大片水草俱佳的肥沃土地。这些土地的开发和利用恰恰是实现从采集游猎到农耕游牧文明伟大转变的资源基础所在。正因如此，"土地——母亲"便成了整个人类社会所尊崇的第一信条。

2. 农耕游牧阶段

逐水而居是所有陆生动植物生存的天性使然，人类亦是如此。

在全球陆地的自然景观中，河流中下游地区地势相对平坦，水源充沛，土地肥沃，植被繁茂，是人类进行最初动植物人工驯化以建立种植与养殖生存方式的理想场所。中东的两河流域、北非的尼罗河流域、南亚的印度河流域、东亚的黄河和长江流域所承载的世界四大古代文明发育历史再清晰不过地证实了这一点。于是，人类社会的主体开始定居于河流流域中下游地区的土地之上，从此开始了以人为主的流域土地开发与利用。

定居流域开启了人类农耕文明的航程，从而彻底改变了人类与自然的历史传统属性。流域土地资源的开发和利用不仅意味着人类最终实现了从地球环境的被动适应者向地球环境的主动改造者的根本性转变，而且意味着地表自然生态景观的绝对主导地位开始向人文生态景观的主导地位转变。

定居生活的形成依赖的是食物供应来源的稳定，因此，耕地的占用和开发就成了农耕文明阶段人类土地开发和利用的首要任务。正因如此，在这一时期内耕地面积的大小或多少便成了决定人类种群与国家强大与否和地区贫富程度的关键自然资源要素。实际上，在经历了数千年的开发之后，在人口增长和气候多变等多重环境的压力下，人类土地利用和开发的足迹很快就跨出了流域中下游地区的疆界，例如公元前 256 年我国四川成都平原的开发，以及 1400 年前我国云南南部的哀牢山-红河区域的山地水田开发。

根据 H. Ritchie 和 M. Roser 所做的研究报告，在农耕文明之初（公元前 10000 年），全球陆地面积（约为 14980 万 km²）的 71.0% 为森林、灌木和草地所覆盖，其面积约为 10600 万 km²。剩下的 29.0% 面积则为沙漠、冰川、岩石地形和其他贫瘠的土地所覆盖（Ritchie and Roser，2019；Ritchie and Roser，2020）。

经过了 5000 年的初始开发（公元前 5000 年），人类社会开发的耕地面积已经超过了 100 万 km²，约占全球陆地绿色植被面积的 1.0%。

公元元年以后，人类农耕文明的进程开始加速。到 1750 年工业革命发生之时，人类社会开发的耕地和牧场面积已经上升至 360 万 km² 和 760 万 km²，较公元元年开始时分别增长了 0.8 倍和 2.1 倍（见图 2-2）。

随着开发规模的扩大和生产技术水平的提高，人类食物和能量的获取能力有了明显提升。相关研究文献表明，在采集游猎阶段，全球人均每天

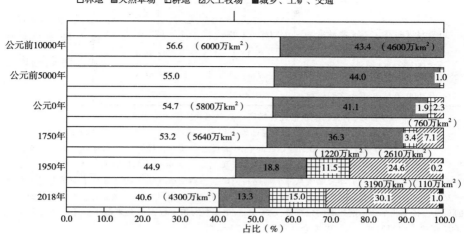

图 2-2 公元前 10000~公元 2018 年全球土地利用变化趋势

注：1. 人工牧场是指人为占用和有效管理的草场。

2. 城乡、工矿、交通用地系指城乡居民点、工矿、交通运输、水利工程及其他基础设施用地。

资料来源：Ritchie and Roser，2019，2020。

的食物摄入量仅有 620 千卡，处于严重的食不果腹状态。到了农耕游牧时代（公元 0 年），全球人均每天的食物摄入量提高到了 1620 千卡，基本维持在半饱的水平。相应地，此时人类开垦的耕地面积大约占到陆地总面积的1.3%，相当于陆地植物栖息地面积的 1.9%（Ritchie and Roser，2019）。工业革命之初的 1750 年，全球人口超过 7.46 亿人，较公元初始纪年时增长2.2 倍。年人均每天的食物摄入量为 1900 千卡，接近了现代社会 2000 千卡的人均最低限准。此时人类社会拥有的耕地面积占全球陆地面积的比重则已经上升至约 2.4%，较公元初始纪年增长了 1.1 个百分点（Maddison，2010；FAO，2020）（见表 2-3）。若将人工牧场用地计算在内，此时人类社会的农业用地面积则占去全球陆地总面积比重的 10.5%，较公元初始纪年增长了 6.3 个百分点（M. Roser，et al.，2018）。因而，土地资源开发利用的成果为今后人类文明的进步奠定了良好的物质基础。

17

表 2-3 全球人口、食物能量摄入与耕地增长

时间	时代名称	总人口	人均每天食物摄入量*	耕地占比**
		亿人	kcal	%
20 万年以前	采集游猎	0.002~0.004	620.0	—
公元元年	农耕游牧	2.32	1620.0	1.3
公元 1750 年***	工业革命初始	7.46	1900.0	2.4
公元 2000 年	工业文明时代	61.49	2671.0	14.2

*在这里，人均每天的食物热量消耗包括家养畜禽饲养所需的生物质投入。

** 这里占比是指人类耕种的土地占全球陆地面积的比重。

*** 目前国内外关于工业革命的起始时间有两派观点。其一，经济学派和地理学派以社会生产的产业结构和就业结构的变革的视角出发，认为（英国）工业革命的起始时间应为 1750 年；其二，技术学派则以社会生产的动力结构从非矿物燃料向矿物燃料变革（蒸汽动力取代水力动力）的认识出发，将工业革命的起始时间定为 1760 年或 18 世纪 60 年代。本专著依据的是经济学派和地理学派的观点，将工业革命的起始时间定格在 1750 年，专著中的相关数据主要来源于大卫·克里斯蒂安 2007 年的《时间地图：大历史导论》和联合国粮农组织。

资料来源：大卫·克里斯蒂安，2007；Maddison A.，2010；FAO，2020；M. Roser, et al.，2018。

3. 工业文明阶段

进入工业文明阶段后，大规模矿产与矿物燃料的开发和利用最终突破了人类自身及其动植物驯养的生物能量转换极限。从蒸汽机的轰鸣开始打破传统农业经济空间活动的沉寂，到电力照亮整个人类居住地的夜空，再到电磁信息瞬间覆盖全球人类生活的每个角落，工业社会的巨大技术进步向人类展现了一种前所未有的文明前景。自此，人类成了地球土地资源开发和利用的真正主宰者。

根据相关的统计资料，自工业革命以来，全球人口呈现爆炸式增长。2000 年，全球人口总数达到了 61.49 亿人，较 1750 年增长了 7.2 倍以上。与此同时，全球耕地面积增加到了约 1510 万平方公里，较 1750 年增长了 3.2 倍。相应地，全球的耕地面积占陆地总面积的比重也升至为 14.2%，比工业革命发生（1750 年）时提升了 11.8 个百分点。同样，若将人工牧场用地计算在内，此时人类社会的农业用地面积则占去全球陆地总面积的 45.6%，较 1750 年更是大增了近 35.1 个百分点。

客观地讲，由于大规模的资本和技术投入，工业社会的耕地粮食单位产出已经高出了农耕游牧文明时的数倍，但是仅靠有限的耕地面积依然无法从根本上解决数十亿人口的吃、住、行和社会的就业以及政府税收等问题，于

是更加精细的土地利用类型划分就成为工业社会提高土地使用和管理效率的必然选择。而新的土地使用类型的划分不仅意味着人类社会对全球土地资源全面占有时代的到来，而且也意味着人类社会地表空间全域占用的时代的到来。

就陆地而言，从目前全球流行的土地类型划分来看，通常意义上的一级土地利用类型包括了耕地、园地、林地、草地、城乡居民点及工矿用地、交通用地、水域和其他（戈壁、沙漠和冰川）共八大类。根据土地利用对人文社会活动的功能差异，在上述八大类土地的基础上将土地类型进一步划分为直接占用、间接占用和诱发占用3种。在这种新的分类中，直接占用包括了耕地、园地、城乡居民及工矿用地和交通用地4类；间接占用包括了草地和水域2类；诱发用地则包括了林地和其他2类。之所以使用这种新的土地类型划分，是因为耕地、园地、城乡居民及工矿用地和交通用地4类土地是现代人类社会活动的核心地域，因而成为地区和国家政府土地管理中的关键类型；尽管草地和水域也是人类文明发育的关键资源要素，但是因受自然环境因素如气候变化的影响，目前人类对这两者的自然属性和发育空间还无法实现全面和有效的控制；与直接和间接两类土地利用相比，在地形地貌和气候条件等因素的共同作用下，林地和其他两类用地目前依然保持着很高的自然属性。换言之，直接占用的土地类型为人文社会所主宰，间接占用的土地则介乎直接占用和诱发占用之间，诱发占用则依然被自然环境所主宰。

相关资料的数据分析表明，在世界工业革命之初（1750年），全球人类社会的土地直接占用比重只有2.8%，间接占用的比重为42.8%，诱发占用的比重为54.4%（见图2-3）。由于此时期的农耕与游牧活动依然遵循着"以天定产"和"以草养畜"的传统生产法则，林地则延续着地球物种多样性天堂的地位，其他用地则完全保持荒蛮贫瘠的状态。显然，当时人类的这种土地占用特征尚未从根本上改变全球土地利用自然属性占据绝对主导地位的局面。正因如此，这一阶段的全球人地关系演进还是处在一种总体和谐的状态之中。

然而，当人类社会进入到工业文明阶段之后，情况开始发生了彻底改变。数据分析显示，到2000年，全球人类社会的土地直接占用比重已经上升到了11.9%，较工业化之初增加了9.1个百分点；间接占用的比重为42.3%，较工业化之初减少了0.5个百分点；诱发占用的比重更是降至

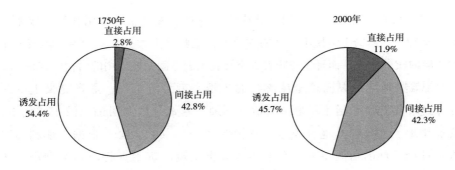

图 2-3 1750 和 2000 年人类土地利用结构变化

资料来源：H. Ritchie and M. Roser, 2019, 2020。

45.7%，降幅为 8.7 个百分点。这种土地利用结构的此消彼长意味着，在过去的 250 年间，人类以 21.2% 的林地、66.7% 的天然草场和 6.2% 的水域面积的占用换来了自身工业文明的巨大成功。土地利用结构的巨大的变化，标志着全球人地关系演进状态开始步入到全面紧张阶段（张雷、杨波，2019）。2000 年全球人地关系的演进特征值已经接近 1.0 的全面紧张状态，较 1750 年大幅增长了 107 倍。然而，仅在 15 年后（2015 年），全球人地关系的演进特征值便超过了 1.3，与 2000 年相比，又增长了 40.6%，从而进入全面紧张状态（见图 2-4）。此种变化意味着，全球的土地利用不仅需要承载人口规模增长及其社会需求扩大而产生的沉重社会消费负担，而且还需要应对现代资源开发极化效应增强所造成的巨大环境恶化挑战。

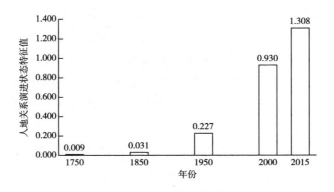

图 2-4 1750~2015 年全球人地关系演进状态特征

资料来源：张雷、杨波，2019；Department of Economic and Social Affairs, 2022。

三　开发面临的挑战

作为宇宙中的一个生命体，地球自诞生以来就形成了自身的生长规律，我们把这种地球生长规律称为地球行为法则。

生命在于运动。地球的生命恰恰在于地球围绕太阳做等距离的恒定运转与自身有规律的自转运动。这种公转加自转的常态运动共同决定了地球的基本行为法则，即日有昼夜之差、年有四季之别、物有生死之道、事有利弊之分（凡事有利有弊）。

地球上的所有生命物种均需按照这一地球行为法则生存和演进，否则其物种将会被无情淘汰。人类社会的文明发育也不例外。作为一个终生与地球自然资源环境为伍的生命物种，当人类沉湎于不断扩大资源环境的开发规模和强度来增加自身社会的福祉时，其每一步都会产生相应的负面作用，因而遭到自然界的报复便会成为一种必然，正如大规模地耕作垦殖造成的土地荒漠化那样。这就是人类资源环境开发活动所产生的极化效应的基本内涵（见图2-5），是人地关系演进过程中无法逾越的地球行为法则。

人类文明的演进历史表明，人类社会发育的现代化程度越高，对资源环境开发的依赖程度越大，资源环境开发极化效应所造成的挑战也就表现得越强烈。

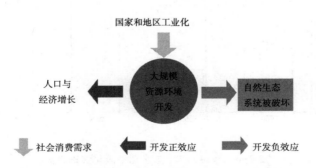

图2-5　人类大规模资源环境开发所产生的极化效应

客观地讲，现代技术的进步确实为人类社会开拓了更为广阔的生存和发展空间。然而,与漫长的自然资源环境生成与演化的历史相比,现代技术的成长只有不足 300 年的历史。显然,与经历了数十亿年进化发育的地表生态系统相比,人类现代技术的发展依然显得十分"幼稚"和"粗放"。实际上,正是现代技术这种"幼稚"和"粗放",才导致了人类大规模资源开发的极化效应。一方面,以能源矿产为主的工业化生产大大加快了人类社会的财富积累程度〔人口+国内生产总值(Gross Domestic Product,GDP)增长〕;另一方面,迅速扩大的生产能力和低下的资源利用效率则产生了巨大的资源环境破坏效应,以致严重威胁目前人类自身的生存和发展。人类土地资源的开发过程恰恰证明了这一点,其中因过度开发而产生的土地荒漠化最具说服力。

依据 1994 年通过的《联合国关于在发生严重干旱和/或荒漠化的国家特别是在非洲防治荒漠化的公约》,土地荒漠化是指包括气候变异和人类活动在内的种种因素造成的干旱(arid)、半干旱(semiarid)和亚湿润干旱(dry subhumid)地区的土地退化。根据相关研究和报道,自 20 世纪 80 年代以来,全球土地荒漠化日趋严重(见图 2-6)。

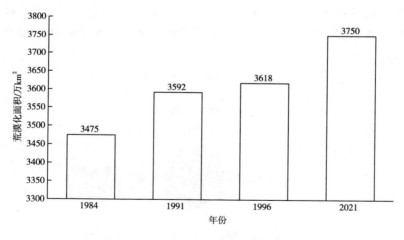

图 2-6　1984~2021 年全球荒漠化演进趋势

目前荒漠化影响着世界上 37.5 亿公顷的土地(3750 万平方公里),约占地球陆地总面积的 25.2%,威胁着大约 100 个国家 10 亿多人的生活,而且每年仍以 7 万多平方公里的速度扩展。受此影响，全球超过 20%的耕地、30%的天然森林和 25%的草地遭受到不同程度的荒漠化威胁，经济损失每年约合 4900 亿美元。土地荒漠化已经成了威胁人类生存的最大生态挑战，成了全球生态系统的"头号杀手"（中国经济网，2023；国家林业局，2017；E. Ezcurra，2006；FAO，2022；中国绿色守望者，2022）。

同样地，在人为过度开发和气候变化的共同影响下，作为陆地植被系统的主导者，全球林地面积呈现持续萎缩的局面。1990~2020 年，尽管人工林的面积增加了约 123 万 km^2，但因天然林的面积减少过快，达到了约 300 万 km^2，以致全球林地面积总体上减少了约 177 万 km^2。此种情况表明，即使人类社会已经开始努力推进林地面积的恢复，但是仍然无法阻止全球林地面积的大幅减少。例如，在这一期间，仅南美的巴西热带雨林的面积就减少了近 100 万 km^2，占巴西热带雨林总面积的 17.1%（H. Ritchie and M. Roser，2020a；FAO，2022）。

福无双降，祸不单行。当我们将目光从陆地投向包括海洋在内的整个地球表层空间时，情况同样不容乐观。人类长期对土地的过度开发不仅对全球陆地生态系统产生了巨大的负面效应，而且也极大地改变了占地球总面积 71%的海洋生态状态。

长久以来，海洋就已成了人类海产捕捞、海盐提取、商贸运输和人员往来的重要场所。进入工业文明社会之后，人类加大了对海洋的开发广度和力度。目前，除了原有的海产捕捞、海盐提取、商贸运输和人员往来功能，海洋还承担起了海水养殖、油气与矿产开发、风能电力生产和陆地垃圾倾倒场的职能。例如 2015 年，全球海洋的鱼类捕捞量为 10870 万吨，其中直接捕捞量为 8120 万吨，海水养殖量为 2750 万吨。与 1950 年相比，直接捕捞量增长了 4.3 倍，海水养殖部分则是从无到有（FAO，2018）。然而，由于人类对陆地资源的过度开发，且全球 50.0%以上的人口居住在沿海 200 公里的范围内，海洋环境受到的污染日趋严重。仅就陆地的垃圾排放而言，人类每年通过河流向海洋排放的废水和固体废弃物就达百亿吨，其中废弃塑料物的排放量就有 900 万吨~1400 万吨（UN Environment Programme，2021）。由于塑料的降解时间长，对海洋环境的危害最大、最为持久。经过日积月累，目前全球海洋已经形成了 8 个废弃塑料旋涡聚合体，其中最大的一个位于美国的加利福尼亚州和夏威夷岛中间的海洋上，面积达 100 多万 km²，相当于 4 个日本或者 10 多个韩国的总面积，涵盖的塑料垃圾超过了 7.9 万吨，被媒体戏称为全球"第八大陆"垃圾场（百度百科，2023）。更为严重的问题是，2021 年 4 月 13 日，日本政府召开有关内阁会议，正式决定将福岛第一核电站超过百万吨的核污水排入大海，排放计划在 2023 年夏季开始实施。截至 2023 年 8 月 24 日，日本东电公司已经向太平洋排放了 7800 万吨核污水（看看头条，2023）。这一不顾国际海洋公共环境安全的自私做法必将引发全球海洋整体生态状态出现不可逆转的恶化。

毫无疑问，在经历了数千年的农耕文明土地开发之后，人类社会终于在工业文明时期将地球资源开发的疆界从陆地扩展到了海洋，从而实现了对地球资源的全域开发。按此情况计算，2015 年人类社会全球资源开发空间的直接占用（耕地、园地、城乡居民及工矿用地）为 4.3%，间接占用（草地和陆地淡水水域）为 9.4%，诱发占用（包括林地、其他用地、冰川和海洋）则达到了 86.3%（见图 2-7）。

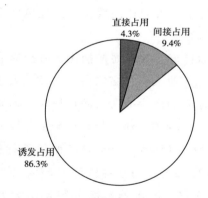

图 2-7　2015 年人类社会的全球资源整体开发结构特征

资料来源：张雷、杨波，2019；Department of Economic and Social Affairs，2022。

随着社会活动空间的快速扩展，人类文明的发展越来越偏离地表空间原有的绿色和蓝色本底，于是产生了地球自然生态属性与人文社会生态属性两者间发育的矛盾和冲突，且其加剧的趋势日益明显。其结果是，不断恶化的家园环境已经成为包括人类自身在内所有地球物种的发展困境。例如，根据 2014 年发表于美国杂志《Nature》的一份研究报告，自 1500 年以来，全球灭绝的两栖动物为 79 种，鸟类 145 种，哺乳动物 36 种，其他动物 505 种。而目前受到生存威胁的地球动物物种已经达到了 5522 种。以占本物种的比例计算：受到生存威胁的两栖动物为 41%，哺乳动物为 26%，鸟类为 13%（Monastersky，2014）。另据相关的研究报告，尽管人类生物量仅占地球总生物量的 0.01%，但自工业革命以来却造成了全球 83% 的野生哺乳动物和 50% 的植物灭绝（Y M. Bar-On et al.，2018；Jonathan E. M. Baillie et al.，2004）。

　　俗话说，家和万事兴。我们人类只是地球众多生物种群家族中的一员，面对其他生物种群如此快速地消亡，人类情何以堪？如此发展，人类未来的文明之旅还能走多远？

　　2018 年去世的英国著名物理学家霍金曾经预言，由于过度自私和贪婪，人类自我毁灭的进程所剩的时间不足数百年，唯一的出路就是尽早实现宇宙空间的星际移民。然而，不要说时间允许与否，仅就人类现有对地球资源开发所造成的环境破坏能力看，也许在尚未发现能够收留数以亿计地球人类移民的星球之前，不堪人类开发重负的地球环境变化便已经使得人类文明的发育之光彻底熄灭。更何况，如果人类与自己的生养之地——地球——都不能和谐相处，不能有效地约束自己的发展行为，那么即便能够成功地客居他乡星球，又将何以安身自处呢？

第二节　草地开发

　　草本植物是地表所有植物种群中生命力最为顽强、适应性最为坚韧和分布地域最为广泛的地球物种之一，是地球上唯一能够生存于陆海两界的植物物种。

　　就陆地而言，无论在赤道极地、高山峡谷、大漠戈壁、河流湿地、冰川冻原、田间林场乃至乡村城市，人们都会发现小草迎风摇曳的身影。"野火烧不尽，春风吹又生"正是人类对陆地草本植物这种顽强生命力和复杂环境适应性的高度赞美。

　　与陆地相比，草本植物则是占地球表面积 71.0% 的海洋中唯一存活的植物生命群体，并以其柔弱的身躯滋养着 5 倍于自身重量（10 亿 t C 的生物量）的海洋动物［（50 亿 t C 的生物量的海洋动物）Y. M. Bar-On et al.，2018］。

一　草与人类

在地球陆地生态系统中，绿色植被的生长及分布决定着包括人类在内所有动物或异养生物种群的生存命运。

地球的演进历史表明，草本植物是最早出现于陆地的植被物种。尽管其主导地位在之后的陆地植被发育进程中被高大的乔木种群所取代，但是在经历了数亿年的演进之后，地球大陆上的绿色植被大厦仍然依赖草本植物与木本植物两大物种的共同支撑。

就人类的进化而言，在整个陆地绿色植被系统中，草本植物的生长和空间分布不仅对地区和国家人文社会的发展贡献至伟，而且对整个人类文明的诞生和发育更是功不可没。

对国家而言，建立在草场基础上的游牧文明与建立在耕地基础之上的农耕文明往往是大陆国家建立和生存的两大基本社会组成，特别是在亚欧大陆地区（任继周，2004）。欧亚大陆与非洲大陆长期的人文历史恰恰就是一部游牧与农耕两大文明长期冲突和融合的过程。例如，作为拥有上万年农耕文明的中国，其最后的一个封建王朝——清朝，虽然在寻求国家工业化发展方面乏善可陈，但在推进游牧与农耕两大文明长期融合方面却是功不可没，甚至是历代封建王朝中最为成功的。

从整个人类文明的诞生和成长看，草本植物的演化及其栖息地（草场）的扩展作用则更是需要大书特书的。遗憾的是，长期以来，特别是工业革命以来，对社会财富积累的贪婪导致人们对草地在陆地绿色植被覆盖方面的作用表现出了越来越少的关注。

大约在 700 万年前，人类的祖先们还活跃在诞生地的繁茂丛林环境之中。此后，随着全球气候的变化，地表植被景观也发生了重大变化。从非洲到亚欧，再到美洲，大片的草原几乎同时取代了原有的茂密林地，从而形成了连绵不断的稀树草原景观。为了寻求食物以求生存，人类的祖先们不得不一次次地离开大树，以步行的姿态游弋于稀树草原之上。这种直立行走一方面可以帮助人类的祖先们在觅食时最大限度地避免受到其他食肉动物的袭扰，另一方面也可以帮助人类的祖先们准确地从一棵大树快速移至下一棵大树进行觅食和休息。对古猿类而言，这种行为变化无异于一场革命。

长期地行走，最终促进了猿类肢体的分工，而"手"的解放则标志着从猿到人的根本转变，从此以后开启了人类文明之旅。

支撑人类文明发育的资源基础就是长期被人忽视的草本植物及其栖息地，也就是人们常说的草地（草原，下同）。不用说采集游猎时期的食物来源，就说人类社会在农耕和工业两大文明时期的主要食物来源，从五谷到蔬菜果品，从油料糖类到草药香料，从猪马牛羊到各类家禽，无一不是源自草本植物及其异养动物的生物链母本。

同样需要指出的是，在支撑人类文明发育的进程中，草本植物的功绩不仅在于其适应性强和分布面积广（目前包括人工牧场在内的草场和耕地分别占全球陆地总面积的 30.9% 和 10.1%，两者的空间占比合计相当于林地占比的 1.44 倍），而且还在于其物种有着更适合人类初始文明发育的多样性。

强调草本植物物种多样性的原因在于，在广大陆地空间生存的人类种群所面临的自然地理环境是如此复杂多变，如果没有草本植物物种及其异养生物的多样性物质条件支撑，人类最初不可能在几乎同一时期内建立起横跨非洲、亚欧和美洲大陆的古埃及（以大麦和小麦种植和牛羊驴驯养为主）、古巴比伦（以小麦、豆类种植和牛羊驴驯养为主）、古印度（以大麦、小麦种植和牛羊猪骆驼驯养为主）、华夏（以五谷种植和马牛羊鸡犬彘六畜为主）、克里特（以小麦、豆类种植和羊猪狗牛为主）和奥尔梅克（以玉米、豆类及马铃薯种植与驼羊放养为主）等诸多文明社会。

实际上，草本植物生态系统的多样性发育不仅向人类展现了自然环境的复杂多变，而且也为人类生存和发展预期的改变提供了现实的可能。在此方面，一个最为典型的例证就是人类对草类药物作用的发现和利用。虽然多数历史学家对于草药在人类文明中的作用很少提及，但其广泛的使用对古代乃至现代人类群体身体健康状态的改善无疑起到了非常重要的作用。

毋庸置疑，没有全球气候变化所造成的茫茫草场取代大片林地，便没有人类诞生的希望，更不用说人类文明的长期发育了。

二　草地分布

总体而言，与木本植物相比，草本植物凭借着强大的生命力和非凡的环境适应性，占据了陆地表层 1/3 以上的面积，其中的干旱、半干旱地区和高原寒地则是草本植物的主要栖息场所。

目前，全球的草场主要集中在非洲和亚洲，其中面积最大的为非洲，占世界草场总面积的比重接近 1/3；其次为亚洲，占比约为 1/4；大洋洲和南美洲紧随其后，占比分别超 15.0% 和 12.0%；最后为北美洲和欧洲，占比均不足 10.0%（图 2-8）。

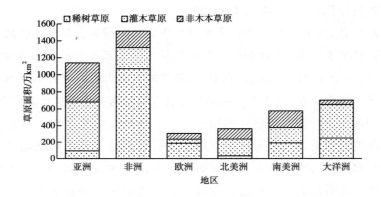

图 2-8　2020 年全球草地分布

注：1. 此图的草地不包括格陵兰岛和极地。2. 此图不包括苔原。

资料来源：White R. et al., 2000；D. J. Gibson, 2009；FAO, 2020b；J. M. Suttie et al., 2005。

以国家而论，全球有 11 个草地大国，分别是澳大利亚、俄罗斯、中国、美国、加拿大、哈萨克斯坦、巴西、阿根廷、蒙古国、苏丹和安哥拉。这 11 个草地大国所拥有的草地面积均超过了 100 万 km²，其草地面积之和超过了 3100 万 km²，占全球草地资源总面积的 68.6%（见表 2-4）。

表 2-4　全球 11 个草地大国

单位：万 km²,%

国家	所属地区	草地面积	国家	所属地区	草地面积
澳大利亚	大洋洲	658	阿根廷	南美洲	146
俄罗斯	欧洲	626	蒙古国	亚洲	131
中国	亚洲	392	苏丹	非洲	129

国家	所属地区	草地面积	国家	所属地区	草地面积
美国	北美洲	338	安哥拉	非洲	100
加拿大	北美洲	317	11 国合计		3157
哈萨克斯坦	亚洲	167	11 国占全球草地比重		68.6
巴西	南美洲	153			

资料来源：D. J. Gibson，2009。

三　草地开发

人类农业文明的发育起始于对陆生动植物的人工驯化。与农耕文明对耕地的依赖相比，游牧文明则对天然草地有着更大的依赖。

大约在公元前 7000 年，中东地区开始出现了对天然草地的人文社会管理，从此确立了草地放牧的专属性质。这种以驯化动物放养的专业性草地资源利用就是今日人们所定义的牧场。此后，随着人文社会不断加大对草地资源的开发和利用，草地的自然属性快速地被人文属性所主导。

在农业文明社会，以驯化植物种植的专业性土地资源利用——也就是人们熟知的耕地开发——早于牧场的发展。然而，由于开发所需的资本、技术和人力投入低廉，因此牧场的开发无论在规模上还是速度上均超过了耕地。

相关资料显示，公元前 8000 年在中东和中国大陆地区已经开始出现了耕地的开发活动。直到公元前 7000 年时，才有了牧场开发活动的记载。而此时的牧场与耕地开发规模之比仅为 0.2：1.0。此后，牧场的开发活动一路领先。到公元前 2000 年，全球牧场的面积已经超过 113 万 km^2，与耕地开发规模之比则达到了约 1.6：1.0。到了农业文明后期阶段，此种趋势依然处在加速形成中。1750 年，全球牧场的面积进一步升至 756 万 km^2，此时的牧场与耕地之比也随着上升到了 2.1：1.0。进入到工业文明社会后，牧场规模的扩大速度更是明显加快。到 2000 年，全球的牧场面积已经超过了 3320 万 km^2，比 1750 年增长了约 3.4 倍。更为重要的是，此时全球牧场与耕地之比已经超过了 2.0，达到了 2.2：1.0 的高峰值（见图 2-9）。

冬季牧场和夏季牧场的交替使用不仅使得牧民放牧拥有了相对稳定的活动空间，而且使得草地资源的开发效率得到了明显提升。根据相关报道，

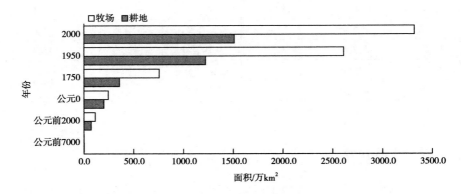

图 2-9　全球牧场与耕地开发过程

资料来源：D. J. Gibson，2009。

到农业文明后期的 1750 年，包括马和牛等大牲畜的全球放养量较之农业文明初期时增长了 4 倍（FAO，2017）。这种进步不仅对草地牧业的发展意义重大，而且对整个农业文明的发育同样意义重大。

如前所述，农业文明的发育和成长是建立在陆地生物栖息地的基础之上。在漫长发展过程中，农业社会逐步建立起了农耕和游牧两大生产体系。尽管因气候环境的变化，农耕与游牧两大生产体系在发展空间上时常处于矛盾和冲突之中，但就整体而言，两者的发展基本处于相互依存与和谐共生的状态。究其原因，关键在于决定农业社会整体发展的物质能量来源几乎全部来自人类自身及其所驯养的动植物。换言之，陆地生物的成长及其能量转换链条的发育决定着整个农业社会的发展命运。一方面，农耕社会的发展不仅需要更多的肉食供应来源，而且需要更多役马和役牛等大牲畜为农田耕作、物资运输、信息交往和军事防卫等社会活动提供重要的动力来源。另一方面，游牧社会需要充足的粮食、纺织品和其他农产品如茶叶的供应，以稳定牧民的社会生活秩序。因此，很难想象，没有游牧或农耕任何一方，人类的农业文明能够得到顺利发育和成长，并为之后的工业文明的到来奠定坚实的人力和物质基础保障。

进入工业文明时期后，社会财富的积累开始主宰了人类的土地开发活动，其中排在第一位的正是草地资源的开发。

作为工业革命的产业先驱，欧洲大陆纺织业的快速崛起极大地刺激了当时的社会生产对羊毛消费需求的快速增长。与此同时，城镇化的高速发展则加大了社会整体对肉类产品的消费需求。于是欧洲工业化国家通过本国与殖民地土地资源的开发大力推进牧场生产规模的扩张。统计数据显示，2000 年全球牧场面积超过了 3320 万 km²，较 1750 年增长了 3.4 倍，达到峰值。相应地，2000 年全球牛和羊的存栏数达到了 14.8 亿头和 18.2 亿只，较工业文明之初（1750 年）分别增长了 5.7 倍和 3.9 倍（图 2-10）。

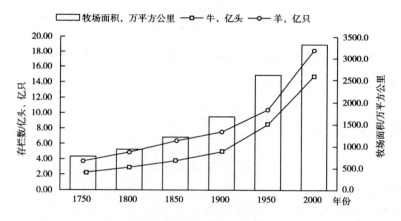

图 2-10　1750～2000 年全球牛、羊存栏数和牧场面积变化趋势

资料来源：D. J. Gibson，2009。

工业革命以来，牧场的快速发展彻底改变了原有草地资源开发的空间格局。

虽然经历了数千年的开发，农业文明时期的草地依然在总体上保持着自然景观的面貌。然而，自工业革命之后不到 200 年，人工牧场便迅速超过了天然草场（见图 2-11）。到 1950 年时，人工牧场占全球草地总面积的比重已经上升至 56.7%，较 1750 年提升了 40.3 个百分点。到 2000 年时，人工牧场占全球草地总面积的比重更是上升至 72.2%，较 1950 年提升了 15.5 个百分点。此种变化意味着，此时全球草地的资源开发已经完全为人类社会所主宰。全球草地的天然属性已经淡出了陆地覆被原有的自然景观。

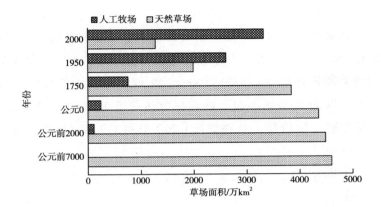

图 2-11　公元前 7000~公元 2000 年全球草地资源开发空间结构变化

资料来源：D. J. Gibson，2009。

四　现实挑战

毫无疑问，全球草地资源的自然属性改变对整个陆地生态系统产生了严重的挑战。

首先，这种挑战来自天然草场规模的快速萎缩。仅在 1750~2000 年，全球天然草场的面积就减少了 2/3 以上。在同一期间内，北美的高草草场面积更是锐减了 96.8%（White R et al.，2000）。

其次，过度开发导致草场质量的下降。例如，20 世纪初，一年生的日本雀麦（Bromus japonicus）被引入到北美大陆。其结果是日本雀麦遍布整个北美大草原，大大改变了整个草原多年生草本植物的植被群落结构，从而导致如蒙大拿州东部牧草产量的减少（J. M. Suttie et al.，2005）。

再次，多样性快速退化。自人类主宰草地资源开发以来，一个最严重的后果就是草地生物多样性的快速退化。在此方面，美洲草原野牛（American Bison）几近灭绝的事实正是此方面最为典型的代表。在欧洲人进行大规模的土地开发之前，北美有 5000 万~6000 万只的美洲草原野牛，遍布洛基山以东广大地区，主要生活在大平原地带。在经历了百余年的草原资源大规模开发和肆意捕杀后，美洲草原野牛数量急剧下降，几乎完全灭绝，被人们称之为地球自然史中的一场悲剧。到 1889 年时美洲草原野牛的仅存数量为541只。直至2017年，美洲草原野牛才被列入《世界自然保护联盟濒危物种红色名录》（IUCN）（百度百科，2023）。

最后，土地荒漠化。如前所述，土地荒漠化已成为全球生态的"头号杀手"。与农业文明之初相比，目前全球荒漠化的面积大约增长了32.5个百分点。由于全球草地多分布于干燥半湿润、半干旱、干旱或极度干旱地区，因此在人为过度开发和气候变化的双重作用下，草地变成了全球荒漠化和沙化扩展的重灾区。根据联合国环境署的研究报告，目前仅在全球重度荒漠化地区每年就有750亿吨土壤在外力如风力和水力等因素的作用下被重新分配到其他地方（UNEP and International Resource Panel，2014；Pimentel et al.，1995；Lavelle P. et al.，2005）。荒漠化如此大面积地扩张，严重地损坏了全球草场生态系统的持续发育基础。

经历了两个多世纪的大规模工业化后，面对日益严峻的全球环境问题，人类开始重新审视自身的土地资源开发行为，于是自20世纪末开始，便有了涉及地球环境和人类可持续发展的《21世纪议程》（见专栏一）。根据这一议程，维护绿地和蓝天是人类社会保护地球家园的基本使命，其中传统重商主义方式的土地资源开发必须终止，代之以可持续和环境友好型的绿色开发方式。在此方面，人工林的扩展和天然草场的恢复正是各国通过土地利用的空间重组为全球环境友好型社会构建所做出的努力。

专栏一：《21世纪议程》

《21世纪议程》是1992年6月3日至14日在巴西里约热内卢召开的联合国环境与发展大会通过的重要文件之一，是"世界范围内可持续发展行动计划"，是21世纪全球范围内各国政府、联合国组织、发展机构、非政府组织和独立团体在人类活动对环境产生影响的各个方面的综合行动蓝图。

《21世纪议程》共20章，78个方案领域，20余万字。大体可分为可持续发展总体战略、社会可持续发展、经济可持续发展、资源的合理利用与环境保护四个部分。每个部分由若干章组成。每章均有导言和方案领域两节。导言重点阐明该章的目的、意义、工作基础及存在的主要难点；方案领域则说明解决问题的途径和应采取的行动。《21世纪议程》文本四大部分主要内容如下：第一部分：可持续发展总体战略。由序言、可持续发展的战略与对策、可持续发展立法与实施、费用与资金机制、可持续发展能力建设以及团体公众参与可持续发展共 6 章组成，有 18 个方案领域。这一部分从总体上论述了可持续发展的背景、必要性、战略与对策等，提出了到 2000 年各主要产业发展的目标、社会发展目标和上述目标相适应的可持续发展对策。第二部分：社会可持续发展。由人口、居民消费与社会服务、消除贫困、卫生与健康、人类住区可持续发展和防灾共 5 章组成，有 19 个方案领域。第三部分：经济可持续发展。由可持续发展经济政策，农业与农村经济的可持续发展，工业与交通、通信业的可持续发展，可持续的能源生产和消费共 4 章组成，有 20 个方案领域。第四部分：资源的合理利用与环境保护。这部分包括水、土等自然资源保护与可持续利用，生物多样性保护，土地荒漠化防治，保护大气层和固体废物的无害化管理等共 5 章，21 个行动方案。

第三节　土地利用空间重组

人类发展的历史表明，土地利用的产出效率不仅决定着农耕社会时期国家和地区的兴衰状态，而且也决定着工业社会时期国家和地区的贫富差异。特别是在社会发展从简单温饱向财富积累的转型阶段，如何通过土地利用的空间重组来提升整个社会的生产效率以实现资本全要素的快速积累便成为国家工业化发展的一种必然选择。在此方面，发生于 16 世纪的英国圈地运动恰恰能够证明这一点。

一　英国的圈地运动

作为地处大西洋东侧、毗邻欧洲大陆的岛国，英国的国土面积（包括内陆水域）24.4 万 km^2，域内的地势相对平坦，利于农业发展。但是因降水与日照条件的不相协调，也就是人们常说的水热条件失衡，湿冷便成了英国气候环境的显著特征。同时，英国的土壤以灰化土和棕色森林土为主，优良土壤比重不大，除占全国面积一半的瘦瘠灰化土和土层很薄的腐殖质黑土，以及泥炭土、粗骨土外，堪称比较适宜的棕色森林土和疏干后的草甸土，合计最多只占全国土地面积的 1/3 左右；即便是所谓的优良土壤，也只是相对于本国其他瘠薄的土壤而言，这类土壤只是在经常施用石灰和化肥的条件下才能维持较高的肥力（曾尊固等，1990）。如此气候条件与土壤质地的结合，决定了当地农业初级产品生产中以小麦和甜菜为主的种植不如以多汁牧草的种植效率更高。依据这种土地利用的产出效益差异，英国在农耕社会后期改变了以往的传统耕地的种植结构，并最终形成了放牧与耕作兼顾的农业生产方式，也就是草与粮的种植方式发展。这种农业种植结构改变的结果是，在发展农业初级产品的后续加工阶段，畜产品加工价值链的延伸远非粮食作物加工价值链的延伸所能比的。正是这种建立在牧草种植业基础之上的土地利用推动了畜牧业的发展，从而成就了英国工业化毛纺工业这一先导产业部门的快速崛起，并最终完成了工业社会资本初始积累的基本目标。这一过程的实质就是英国历史上持续数个世纪的国家土地利用空间重组，即英国历史上最为著名的以草代粮的圈地运动。

15世纪末，哥伦布发现美洲新大陆之后，以欧洲为中心开始掀起了一场至今仍在持续的全球贸易活动。作为欧洲列强之一，英国也迅速加入其中。然而，此时英国最适宜参与这种国际商品经济活动的便是来自以羊毛为原料的毛纺织业产品。为此，英国毛纺织的生产能力得到了快速扩张。据统计，16世纪中叶英国平均每年呢绒出口量是14世纪年平均出口量的20多倍（王乃耀，1992）。为了突破这一经济发展转型时期羊毛原料供应的短板，英国通过土地利用空间的重组手段，强力推行以草地牧羊业的生产发展，以期有效提升全国土地利用的产出效率，从而为英国工业化早期毛纺工业的发展奠定可靠的物质保障（D. B. Horn and M. Ransome，1957；G. Slate，1968；M. Turner，1986；G. E. Mingay，1997；M. Overton，1996）。

相关文献资料表明，1761~1792年，为了推进牧场的扩张，英国国会通过法令所圈占的土地就达47.9万英亩，约合19.4万公顷。到了1827年，英格兰的牧场及草地的面积已增加到1537.9万英亩，约合622.8万公顷，较17世纪时增长了18.3%（王乃耀，1992；A. Aspinall and E. A. Smith，1959；石强，2016）。其结果是，1600~1870年，英国人口占全球人口总量的比重从1.11%上升至2.46%，增幅达1.35个百分点；英国GDP占全球GDP的比重则更是从1.81%猛增至9.03%，增幅高达7.22个百分点（见图2-12）。

显然，受益于大规模的国家土地利用空间重组，英国从此开始登上了日不落帝国的位置。

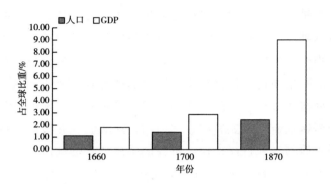

图 2-12　1600～1870 年英国人口、GDP 占全球比重

资料来源：A. Maddison，2010。

二　全球人工林扩张

农业文明的开启和发展源于人类社会对草本植物及其食草动物的人工驯化。相比之下，木本植物虽然占据着整个陆地生态系统的主导地位，但对人类来说，其被驯化的难度则要大得多。尽管如此，无论在野蛮时期，还是在文明时期，人类对木本植物的天然依赖性却从未改变。所不同者，进入到文明时期后，人类对木本植物服务于自身社会的发展和全球环境的改善有一个从自发到自觉的认识过程。换言之，木本植物从来未缺席过人类农耕文明的发育与成长过程，这一点远超人们的认识。

在农业文明初始阶段，从游猎走向定居的人类便开始将木本植物的使用功能从单一的薪柴取火+简单工具制造推进到薪柴取火+简单工具制造+建筑材料的多元化使用。此后，经历了数千年的长期探索，人们发现，作为对木本植物有益的一种昆虫——蚕——可以为人类提供服装制作所需的原料——蚕丝。其结果是大约在 5000 年前的中国农耕社会，便出现了养蚕及其缫丝纺织业。从此，中国成了全球丝织品第一大国，且保持至今。

对于农耕文明发展而言，丝织业的发展带动了整个纺织业的发展，并以此确立了整个社会男耕女织的基本生产体系。这种生产体系的建立不仅极大地改善了农户的家庭收入状态，而且极大地提升了整个社会财富积累的能力。纵观中国整个农耕历史，天下以农桑为本已成为历朝历代的社会管理核心信条。中国的发展之所以在全球农耕文明时期处于长期的领先地位，并创造出享誉世界的丝绸之路，其原因就在于此。然而，当今日人们在为中国古代灿烂多彩的丝绸文化而感到震惊时，却从未想到支撑这一丝绸文化持续发展的物质基础——桑树。实际上，为了支撑丝织业的发展，中国大规模的桑树人工种植和养护已经拥有了数千年的历史。例如，大约在公元前 100 年的汉武帝时期，中国人工种植的桑园面积就超过了 10 万公顷，从而使得汉帝国政府一年之内便可以赋税的方式从民间征收到高达 500 万匹的绢帛，所耗原料鲜蚕茧约合 2.0 万吨，用于当时的国际贸易（蒋猷龙，2010）。

除了经济的目的，农耕社会的人工植树还有许多其他目的，其中最为重要的就是水土保持、护堤固坝。早在数千年前，古人就已认识到滥伐森林会带来水旱灾荒。尽管当时的人们并没有完善的水土保护意识观，但大面积植树造林的活动却从未中断，特别是在国家统一的时期。如唐朝天宝年间，在临潼骊山两绣岭大面积种植柏树，数量以亿计，历年所植柏树龙盘虬曲，苍翠弥山，已成今日人们旅游观光的著名景区。

需要指出的是，尽管在农耕社会人们常以各种方式或主动、或被动地为生存增加"绿色财富"，但是当时社会的人工植树活动还是充满着改善局部小环境的强烈自发意识。

进入工业文明时代以来，随着人类社会对财富追求欲望的不断增强，全球土地开发利用的失衡局面开始呈现明显加速的态势。自 15 世纪末哥伦布发现新大陆后不久，西方航海强国如西班牙和葡萄牙开始了美洲殖民地的土地开发。自工业革命开始，西方工业化的先导国家则更是将殖民化的土地开发推向了全球。在此后 200 年的时期内，便形成了南美蔗糖和咖啡的种植、北美棉花和畜产品的生产、澳洲肉类和粮食的生产、亚洲橡胶和油料的种植、非洲棉花和咖啡种植等全球殖民土地的开发格局。这种大规模的殖民土地开发直接导致了当地树木栖息地的急剧萎缩。根据相关文献的报道，1750 年全球林地的面积尚保持在 5640 万 km^2，但是到 1950 年，全球林地面积已经下降至 4760 万 km^2，降幅达 15.6%。与此同时，全球人口和人均 GDP 则分别增长了 235% 和 215%（见表 2-5）（A. Maddison，2010；

M. Roser，2023）。

表 2-5　1750 年和 1950 年全球林地面积、人口总量与人均 GDP 变化

年份/项目	林地面积	人口总量	人均 GDP
	万 km²	亿人	美元
1750	5640.0	7.46	678.0
1950	4760.0	24.99	2134.9
增幅,%	-15.60	235	215

注：人均 GDP 按国际元不变价计算。
资料来源：A. Maddison，2010；M. Roser，2023；B. Jutta and J. L. van Zanden，2020。

所幸的是，20 世纪 60 年代以来，人类开始认识到林地对全球环境改善的重要作用。特别是在 1992 年联合国环境与发展大会通过《21 世纪议程》之后，世界各国对人工植树的重视程度有了显著增强。其结果是自 1990 年以来，全球人工林的面积有了明显增长。根据相关报道，1990 年全球人工林的面积约为 3.6 万 km²，仅占全球林地总面积比重的 0.08%。但是，到了 2020 年，全球人工林的面积已经超过了 11.2 万 km²，较之 1900 年增长了 2.11 倍。相应地，人工林占全球林地总面积的比重也随之上升至 0.28%（见图 2-13）。此种发展态势若能加以保持，估计到 2050 年时，全球的人工林面积可能超过 35.0 万 km²。

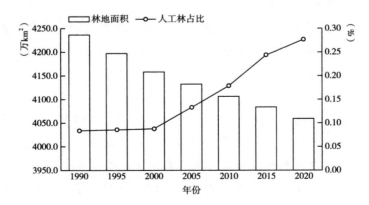

图 2-13　1990~2020 年全球林地面积与人工林占比变化

资料来源：H. Ritchie and M. Roser，2020。

三　天然草场恢复

工业文明以来，全球天然草场的境遇与天然林地的遭遇完全相同，其面积同样经历了大幅的萎缩。

1750 年，全球天然草场的面积尚能保持在 3840 万 km^2，仅比农耕文明初期时（公元元年）减少了约 11.8 个百分点。进入工业文明时期以来，全球草本植物的天然栖息地被人文活动肆意侵占。到 2000 年时，全球天然草场的面积已经下降到不足 1300 万 km^2。与 1750 年相比，天然草地的面积缩减了 1/3。与此同时，人工牧场的面积则超过了 3300 万 km^2，较 1750 年增长了 0.95 倍。所幸的是，进入 21 世纪以来，世界各国加大了对生态文明建设的投入。受益于此，全球天然草场的面积开始呈现回升态势。到 2018 年，全球天然草场面积已经回升至 $1410km^2$，较 2000 年增长了约 8.5%（见图 2-14）。

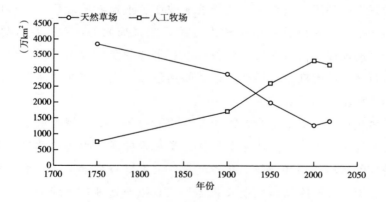

图 2-14　1750~2018 年全球天然草场与人工草场面积变化

注：人工草场除了人工管理的草地外，还包括各类饲草的种植，如苜蓿、雀麦与青贮玉米等。

资料来源：D. J. Gibson，2009。

第四节　结论

新近的研究引发了人们对土地概念的再认识，这种新的认识就是：土地所代表的地球大陆区域，是地球表层物质能量空间交换最为活跃和最为集中的场所，是地球生物最重要的栖息地所在，因而成为包括人类在内的所有地球陆生生物群体演化的核心平台。

草地与林地所代表的是地球大陆物质能量交换最为成功的两大主体生态系统。然而就地表物质能量交换的环境适应性而言，由于草本植物的环境适应能力强，分布广泛，特别是在干旱、半干旱及寒冷的高原地区，草本植物成了地球植物种群发育中的"平民"物种代表。与之相比，由于对水热及土壤等条件有着相对较高的要求，木本植物特别是适宜高大乔木发育的栖息空间相对有限，因而其成为地球植物种群发育中的"贵族"物种代表。

作为大地之子，人类的祖先诞生于稀树草原，人类的文明成长于广袤草地。持续的土地资源开发和利用成就了人类文明的发育和进步。然而，自工业革命以来，在资本积累和利益最大化的驱动下，人类盲目地扩大自身土地开发和利用的边界，以致严重地破坏了土地物质能量自然供应和交换能力的平衡，最终造成了全球人地关系紧张局面的出现，且日趋严峻。环顾今日的地球，气候变暖、物种灭绝、土地荒漠化和水资源与能源短缺等来自自然环境的挑战已经严重地威胁到包括我们人类在内所有地球生物物种的持续生存和发展。

适者生存。一切生物的繁衍和发育均取决于它们对周围资源环境的认知能力与利用方式，这是地球上包括人类在内的所有生物种群生存和发展均须遵守的自然法则和铁律。所不同者，人类既有被动地适应地球环境变化的一方面，又有能动地创造大量体外工具以改造地球环境的一方面，而最能展现人类这种主动创造能力的物质能量来源恰恰就是人类赖以生存和发展的土地资源基础。从这个意义上讲，人类从愚昧走向文明的历史就是一部全球土地资源利用与开发的历史。因为土地资源的开发和利用不仅为人类的生存和繁衍提供了最为重要的物质能量来源，而且更为人类智力的发育和成长提供了一个唯一得以展现的时空舞台。

耕地与牧场的开发曾为人类农耕和游牧文明的发育和成长提供了不可或缺的物质基础。同样，耕地变草场的土地利用空间重组则为英国工业革命的成功提供了可靠的原料供应保障。正因如此，人类必须时刻铭记：我们可以设想一个完全没有人类的地球，但不能设想一个完全没有地球的人类。具体到我们现实所讨论的话题，在土地开发利用上，失去了土地的供养，就失去了人类的一切。遗憾的是，由于对财富积累的过度贪婪和对科学技术发展预期的过度自信，时至今日人类尚未在和谐人地关系的建设方面取得最为广泛的统一共识。

草地和林地是维系地球生物最佳栖息地存在的两大关键要素，也是人类文明诞生和成长的最佳场所，其中尤以草本植物及其异养生物的驯化最为重要。因为草本植物及其异养生物的成功驯化已经成为人类生存和发展的第一可靠物质能量来源。经历了上万年的开发和利用，目前草地和林地两大资源的开发空间潜力已损失殆尽，传统的开发方式不可持续，亟须另辟新路。

受不当的土地资源开发活动影响，目前全球的荒漠化土地面积已经高达 3750 万 km^2。这些荒漠化土地既是全球绿色事业发展的重大阻碍所在，同时也是提升全球植被覆盖水平和改善土地自然物质能量转换效率的最大开发空间所在。有鉴于此，在努力维护现有草地和林地的基础上，不断推进各国荒漠化土地的改造应成为未来人类土地资源开发空间重组的核心任务和基本目标。在此方面，作为生命力强和适应性广的草本植物栖息地的草地修复和规模扩展便显得尤为关键和重要。

参考文献

百度百科，2005，土地，https：//baike. baidu. com/item/土地/12005092。

理查德·福提，2009，《生命简史：地球生命 40 亿年的演化传奇》，胡洲译，北京：中央编译出版社。

王章俊等，2017，《生命进化简史》，北京：地质出版社。

Y. M. Bar-On, R. Phillips and R. Milo. 2018. "The biomass distribution on Earth." *PNAS* 115 (25)：6506−6511.

Massimo L. B. 1992. *A Concise History of World Population*. Oxford：Blackwell.

西蒙斯 I. G.，1993，《简明环境史导论》，牛津：布莱克韦尔出版社。

斯塔夫里阿诺斯 L S.，2006，《全球通史：从史前史到 21 世纪》，吴象婴、梁赤民、董书慧等译，北京：北京大学出版社。

大卫·克里斯蒂安，2007，《时间地图：大历史导论》，晏可佳、段炼等译，上海：上海社会科学院出版社。

尤瓦尔·赫拉利，2016，《未来简史：从智人到智神》，林俊宏译，北京：中信出版社。

Simmons I. G. 1996. *Changing the Face of the Earth*. Oxford：Blackwell.

H. Ritchie，M. Roser. 2020. "Deforestation and Forest Loss." Our World in Data. https：//ourworldindata. org/deforestation.

H. Ritchie，M. Roser. 2019. "Land Use." Our World in Data. https：//ourworldindata. org/land-use.

M. Roser，H. Ritchie，E. Ortiz-Ospina and L. Rodés-Guirao. 2018. "World Population Growth." Our World in Data. https：//ourworldindata. org/deforestation.

Maddison A. 2010. "Historical Statistics of the World Economy：1－2008AD." http：//www. ggdc. net/MADDISON/oriindex. htm.

FAO. 2020a. "World Food and Agriculture-Statistical Yearbook 2020." Rome. https：//doi. org/10. 4060/cb1329en.

M. Roser，H. Ritchie，E. Ortiz-Ospina and L. Rodés-Guirao. 2018. "World Population Growth." Our World in Data. https：//ourworldindata. org/deforestation.

张雷，杨波，2019，《国家人地关系演进的资源环境基础》，北京：科学出版社。

Department of Economic and Social Affairs. 2020. Statistics Division，Statistical Yearbook 2022 edition Sixty-fifth issue，United Nations，New York.

《全球土地荒漠化再敲警钟》，中国经济网，2023 年 4 月 28 日。

国家林业局，2017，全球荒漠化土地现状，http：//www. forestry. gov. cn/Zhuanti/content_ 201406hmhghr/682824. html，2017－08－25。

E. Ezcurra. 2006. "Global Deserts Outlook. United Nations Environment Programme." http：//www. earthprnt. com.

FAOSTAT. 2022. "Land Use." https：//www. fao. org/faostat/en/#data.

中国绿色守望者微信公众号，2022，世界地球日，https：//mp. weixin. qq. com/s？__biz = MzI3MDE2ODU1Mw = = &mid = 2652023212&idx = 1&sn = a315735583518602d9b20fec75945 bcd&chksm = f133312ac644b83cb0671fff266b053b1cd58073d000457616f8ef69255aff7f936d1c8f d54d&scene = 27。

FAO. 2018. The State of Fisheries and Aquaculture. Rome，2018.

UN Environment Programme，2021. From Pollution to Solution：A Global Assessment of Marine Litter and Plastic Pollution. https：//www. unep. org/.

百度百科，2023，大太平洋垃圾带，https：//baike. baidu. com/item/大太平洋垃圾带/2486315。

看看头条，2023，《新华社：日核污水强排入海贻害无穷，此举对国际法治构成严重挑战》，https：//kan. china. com/article/1857848. html。

Monastersky R. 2014. "Biodiversity：Life-a Status Report." *Nature* 516：159－161.

Jonathan E. M. Baillie，Craig Hilton-Taylor and Simon N. Stuart. 2004. "A Global Species Assessment." http：//www. iucnredlist. org.

任继周，2004，《草地农业生态系统通论》，合肥：安徽教育出版社。

L. B. Massimo. 1992. *A Concise History of World Population*. Translated by Ipsen C. Oxford：Blackwell.

D. J. Gibson. 2009. *Grasses and Grassland Ecology*. New York：Oxford University Press Inc.

White. R, Murray S., and Rohweder M. 2000. *Pilot Analysis of Global Ecosystems：Grassland Ecosystems Technical Report*. World Resources Institute, Washington, DC.

FAO. 2020b. "Land Under Perm." Meadows and Pastures. http：//www. fao. org/faostat/en/#data/EL.

FAO. 2017. "Crops and livestock products." https：//www. fao. org/faostat/en/#data/QCL.

J. M. Suttie, S. G. Reynolds and C. Botello et al. 2005. Grasslands of the World. FAO. Roma. https：//max. book118. com/html/2018/1101/8046000037001131. shtm.

百度百科，2023，美洲野牛，https：//baike. baidu. com/item/美洲野牛/2926749。

UNEP and International Resource Panel. 2014. "Assessing Global Land Use：Balancing Consumption With Sustainable Supply." https：//wedocs. unep. org/bitstream/handle/20. 500. 11822/25439/SDG_ Brief_ 003_ Biodiversity_ 201805. pdf? sequence = 1&isAllowed = y.

Pimentel D., C. Harvey, P. Resoudamo, et al., 1995. "Environmental and Economic Costs of Soil Erosion and Conservation Benefits." *Science* 267：1117-1123.

Lavelle P., R. Dugdale, R. Scholes, et al., 2005. In Hassan R., Scholes R., and Ash N. (eds.). "Ecosystems and Human Wellbeing：Current State and Trends." *Millennium Ecosystem Assessment*. Washington, DC：Island Press.

曾尊固，陆诚，庄仁兴，1990，《英国农业地理》，北京：商务印书馆。

王乃耀，1992，《试论英国资本原始积累的主要方式——圈地运动》，《北京师范学院学报》（社会科学版）第 4 期。

D. B. Horn, M. Ransome. 1957. *English Historical Documents Volume VII*. London：Routledge.

G. Slate. 1968. *The English Peasantry and the Enclosure of Common Fields*. New York：Augustus M. Kelley Publishers.

M. Turner. 1986. "English Open Fields and Enclosures：Retardation Productivity Improvements." *The Journal of Economic History*46（3）：674-681.

G. E. Mingay. 1997. *Parliamentary Enclosure on England：An Introduction to its Causes, Incidence and Impact 1750-1850*. New York：Published in the United States of America bu Addison Wesley Lonman.

M. Overton. 1996. *Agricultural Revolution in England*. Cambridge：Cambridge University Press.

A. Aspinall, E. A. Smith. 1959. *English Historical Documents Volume VIII 1783-1832*. London：Routledge.

石强，2016，《论英国圈地运动与土地利用》，《山西农业大学学报》（社会科学版）第 9 期。

Maddison A. 2010. "Historical Statistics of the World Economy：1-2008AD." http：//

www. ggdc. net/MADDISON/oriindex. htm.

蒋猷龙，2010，《中国蚕业史》，上海：上海人民出版社。

M. Roser. 2023. "Economic Growth." Our World in Data. https：//ourworldindata. org/economic-growth#economic-growth-over-the-long-run.

B. Jutta，J. L. vanZanden. 2020. "Maddison style estimates of the evolution of the world economy. A new 2020 update." https：//www. rug. nl/ggdc/historicaldevelopment/maddison/releases/maddison-project-database-2020.

中　篇
国外实践

　　与海洋的蓝色相对，陆地则以绿色为基调，其中的草场和森林两大土地类型正是这一绿色基调发育的主要载体。在这两大类土地利用类型中，虽然草地在植被生物量的产出方面尚不足林地的1/3，但是却承担着全球人类日常饮食热量10%的供给（FAO，2020）。

　　诚然，自农耕游牧文明以来，人类不断加大土地资源的开发的力度和广度，以获取更多的生物质能量和发展空间，且导致陆地绿色基调的土地类型结构发生了重大变化，但是凭借着植被的顽强生命力和非凡的环境适应性，广布于稀树、灌丛和苔原在内的天然草地依然保持着全球土地类型中最大面积拥有者的地位（R. White et al.，2000；D. J. Gibson，2009）。

　　根据联合国和其他相关的研究文献，目前全球草地主要集中在澳大利亚、俄罗斯、中国、美国、加拿大、哈萨克斯坦、巴西、阿根廷、蒙古国、苏丹和安哥拉这11个国家。这11个国家的陆域面积约占全球陆地（不包括极地和格陵兰岛冰川）总面积的48.9%，但是其永久性草地和牧场的面积却占到全球永久性草地和牧场总面积的54.6%（FAOSTAT，2023）。

第三章　美国

美国领土横跨整个北美洲大陆，包括北美洲西北部的阿拉斯加及太平洋中部的夏威夷群岛，面积为 937 万 km²，仅次于俄罗斯、加拿大和中国，在全球排名第 4。

第一节　资源环境基础

一　环境基础

美国本土从大西洋到太平洋东西长 4500km，从墨西哥到加拿大南北宽 2700km，海岸线全长 22680km。

美国大部分地区属大陆性气候，南部属亚热带气候。中北部平原温差很大，芝加哥 1 月平均气温为 -3℃，7 月平均气温为 24℃；墨西哥湾沿岸 1 月平均气温为 11℃，7 月平均气温为 28℃。同样地，在地球大气环流的作用下，美国大陆的降水量极不均衡。阿巴拉契亚山脉及以东地区多年平均降水量多在 1000 毫米以上，阿巴拉契亚山脉以西的中部平原区多年平均降水量在 400~700 毫米，中部平原区以西地区多年平均降水量空间差异明显，例如地处北部山区的华盛顿州多年平均降水量高达 970 多毫米，较地处该区域中部的内华达州高出近 3.1 倍。

美国本土的地形结构与北美大陆相一致，两侧高、中间低，明显分为 3 个纵列带：第一纵列带为东部的阿巴拉契亚高地和沿海平原，约占本土面积的 1/6；第二纵列带为中部的大平原，约占本土面积的 1/2；第三纵列带为西部的科迪勒拉山系，约占本土面积的 1/3。按海拔计，500m 以下的地区占全国面积的 56%，500~1000m 的地区占全国面积的 15%，1000~2000m 的地区占全国面积的 18%，2000m 以上的地区占全国面积的 11%。

二 资源基础

美国自然资源丰富。按淡水、耕地、草场、林地、矿产和能源（矿物燃料）六大资源环境要素禀赋的综合赋值，在全球人口大国中的地位仅次于俄罗斯和巴西（见图 3-1、表 3-1）。

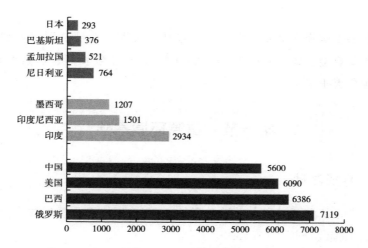

图 3-1 2010 年全球人口大国资源环境本底总量特征

表 3-1 2018 年美国资源环境及相关要素占全球比重

单位:%

项目	资源环境指标						相关指标	
	淡水	可耕地	草场	森林	矿产	能源	国土面积	人口
美国占全球比重	10.99	7.15	7.59	7.61	18.00	15.19	7.02	4.45

资料来源：张雷、杨波，2019。

在土地资源方面，美国的森林面积为 310.37 万 km²，约合 46.6 亿亩①，覆盖率达 33.2%。全国可耕地面积达 152.26 万 km²，约合 22.8 亿亩，占国土总面积的 16.2%，约占世界耕地总面积的 11.0%，居世界第 2 位；耕地分布集中，且质量较好，其中约 70% 以上的耕地面积集中在大平原和内陆

————————————

① 1 亩 ≈ 666.67m²。

低地。天然草原面积为 255.80 万 km²，约合 38.4 亿亩，占国土总面积的 27.3%，为世界天然草原面积的 7.6%，居世界第 3 位（2016 年），其中约 90% 的天然草原分布在西经 100° 以西的大平原和西部山地的高原与盆地。自然条件较差、不宜农牧业利用的沙漠，石质裸露的山地，冻土寒漠，沼泽湿地，永久积雪区和冰川等仅占国土总面积的 13%，且大多分布在西部山区和阿拉斯加州。

矿产资源总探明储量居世界首位。如煤炭、石油、天然气、铁矿石、钾盐、磷酸盐、硫黄等矿物储量均居世界前列。其他矿物有铜、铅、钼、铀、铝矾土、金、汞、镍、碳酸钾、银、钨、锌、铝、铋等。

美国广大土地上包含各种自然景观。从佛罗里达温暖的海滩到阿拉斯加寒冷的北国地带；从中西部平坦广阔的大草原到终年被冰雪覆盖的落基山脉，其中以享誉全球的壮观大峡谷、绵长不绝的密西西比河以及声如雷鸣的尼亚加拉大瀑布最为典型。

第二节　国家成长历史

作为 18 世纪后半叶崛起的新生国家，美国用了不足 200 年的时间便成功地跨越了农业、工业和现代三个文明发育阶段，一举登上全球最为发达的国家位置。

一　殖民时代

1492 年哥伦布首次发现了美洲大陆后不久，正处于资本原始积累的西欧各国便迅即将其海外殖民活动扩展到这块新大陆上，其中包括了西班牙、葡萄牙、德国、荷兰和意大利等国家。作为当时的航海大国，英国在美洲大陆的殖民活动虽然晚于其他欧洲国家，但几经争斗，最终在北美建立起了英属殖民领地。

1607 年，一个约 100 人的英国殖民团体，在弗吉尼亚的海滩上建立了詹姆士镇，这是英国在北美建立的第一个永久性殖民地。

经历了 150 余年的开发，到 18 世纪中叶，美国东部沿海地带逐渐形成了地理环境、经济形态和政治制度各异的 13 个英国殖民地。这 13 个英属殖民地分别是新罕布什尔州（New Hampshire）、马萨诸塞州（Massachusetts）、罗得岛州（Rhode Island）、康涅狄格州（Connecticut）、纽约州（New York）、新泽西州（New Jersey）、宾夕法尼亚州（Pennsylvania）、特拉华州（Delaware）、马里兰州（Maryland）、弗吉尼亚州（Virginia）、北卡罗来纳州（North Carolina）、南卡罗来纳州（South Carolina）、佐治亚州（Georgia），面积约 88.0 万 km²（Bureau of the Census、U.S. Department of Commerce，1975）。

二　国家独立

进入 18 世纪后，北美英属殖民地与英国本土政权之间在政治待遇和经济利益方面的矛盾日趋严重，彼此间的裂痕不断加深。随着自我生存和权益维护意识的不断加强，英属北美殖民地的独立念头开始萌生。1773 年，波士顿（马萨诸塞州的首府）的倾茶事件成为北美英属殖民地寻求彻底摆脱英国统治和管理的导火索。

1774 年，来自 13 个州的代表聚集在费城，召开第一次大陆会议，希望能与英国和平解决问题。英国拒绝北美殖民地独立的要求，坚持殖民地必须无条件臣服于英王，并欲实施处罚。1775 年，最终在马萨诸塞州的莱克星顿点燃战火，北美独立战争爆发。

1776 年 5 月，第二次大陆会议在费城（宾夕法尼亚州最大城市）召开，这次会议坚定了北美独立的决心，并于 7 月 4 日签署了著名的《独立宣言》。以此为契机，《独立宣言》被认为是美国建立的开端，此后这一日（7 月 4 日）被定为美国的国庆日。

1777 年 11 月 15 日，大陆会议通过了《邦联条例》。1781 年 3 月 1 日，随着马里兰州的正式批准，《邦联条例》开始正式生效。从此，这个由北美英属 13 个殖民地联合组成的国家开始落地生根。

独立之初的美国土地面积约为 103 万 km²，人口约 210 万（杰里米·阿塔克、彼得·帕塞尔，2000）。

三　疆域扩张

1783 年，美国在独立战争中获胜。英国被迫承认美国的独立，并将密西西比河以东的英国王室领地划割给了美国。此时，除 13 个州外，美国的疆域已经向西延伸至密西西比河东岸，土地面积一跃升至 230 万 km²，增加了一倍以上。

然而，新生的美国并未因此停止向西部的领土扩张步伐。

一方面，尽管美国在独立战争中获胜，但是英国在此后便实施了对美国的海上禁运政策，使得这一新生国家的经济发展面临巨大挑战。因此，跨越阿巴拉契亚山地向西扩张领土便成为美国政府化解国家成长压力的一种必然选择。与此同时，落后的生产技术使得当时美国南部烟草种植业的发展遭遇到严重的土地生产力下降的瓶颈，急需向西开发亚拉巴马州、密西西比州和阿肯色州的土地资源（Bureau of Economic Analysis、U.S. Department of Commerce，2019；Newman and Schmalbath，2010）。

另一方面，英国虽然在1783年9月签订的《巴黎和约》中被迫承认了美国的独立，但是其并不甘心彻底失去对北美13个州的殖民统治权，因此期望凭借世界老大的地位和实力迫使美国就范。为缓解来自北部和西部两个方面英国复辟北美殖民领地的地缘政治压迫，美国终于在1812年向英国在北美的加拿大领地宣战，史称第二次独立战争（1812~1815年）。战争的结果不仅使美国在1803年所购买的法属殖民地路易斯安那于1812年最终归属到联邦治下，而且还使美国在1819年成功地兼并了西班牙的北美属地东西佛罗里达。从此，美国不仅有效地控制了整个南部的墨西哥湾，而且完全打通了向西扩张的通道（伍宗华，1983；何顺果，2015；查尔斯·A. 比尔德、玛丽·R. 比尔德，2018）。

实际上，利用欧洲列强在全球特别是在欧亚非大陆地缘政治竞争加剧的时机，美国这个新生的帝国成功地驱逐了英国、西班牙、法国和荷兰等老牌帝国在北美的殖民势力，并通过战争和交易手段获得了从南部新墨西哥州到北部阿拉斯加州的大片土地。到19世纪末，美国的疆域已发展为50个州和1个特区。除北美洲西北部的阿拉斯加和太平洋中部的夏威夷群岛远离美国本土外，其余的48个州连成一片。在建国后120多年时间内，美国的陆地国土就扩大了9倍以上，并且在国家财富的产出（GDP）上大大超过了自诩为日不落的大英帝国（伍宗华，1983；杨生茂，1991；杰里米·阿塔克、彼得·帕塞尔，2000；何顺果，2015；查尔斯·A. 比尔德、玛丽·R. 比尔德，2018；麦迪森，1997）。

第三节 土地资源开发

对人类文明的进步而言，土地资源的开发从来都是国家和地区产业结构演进的必要物质基础。与此同时，土地资源开发的多元化进程从来都是国家和地区产业结构演进的必然结果。无论国家存在的历史长久与否，所有国家概莫能外。

一 初始阶段（1780～1860 年）

在美国独立之前，由于 150 余年外来人口（移民）、资本和技术的长期输入，北美 13 州殖民地的土地资源开发已经达到了相当成熟的阶段。到 1770 年，北美 13 州殖民地已有人口近 2150 万，人均拥有耕地 2.7 公顷，牧场 6.6 公顷（Bureau of the Census、U. S. Department of Commerce，1975）。土地资源的快速开发除养活当地快速增长的移民人口外，便是服务于大英帝国这一地处大西洋东岸的宗主国以及欧洲大陆沿海和北美邻近岛屿国家的国际贸易市场发展需求。

根据美国商业部的统计资料，1770 年北美 13 州殖民地的全年出口额达 285.4 万英镑，其中出口英国本岛的货物价值所占比重为 62.9%。在全部出口到英国的货物中，生物类的产品所占比重最大，约为 95.0%，其中烟草类的比重为 53.1%，谷物类的比重为 18.6%，林产品的比重为 11.0%，畜产品的比重为 8.8%；矿产品的比重仅为 5.0%（见表 3-2）。

表 3-2 1770 年北美 13 州殖民地贸易出口构成

单位:%

项目	农副产品					矿产品
	烟草	谷物	林产品	畜产品	其他	
占对英国出口比重	53.1	18.6	11.0	8.8	3.5	5.0
对英国出口占全部出口比重	99.8	30.7	65.2	47.9	3.7	3.8

注：1. 谷物类主要包括大米、小麦、面粉、玉米、燕麦和豆类等；

2. 林产品主要包括各类原木、板材、蜂蜡及松脂制品（松香、沥青和柏油）等；

3. 畜产品主要包括马、牛、羊、毛皮、鹿皮及牛肉、猪肉和家禽等。

资料来源：U. S. Department of Commerce、Bureau of the Census，1975。

1783 年，英国战败后，美国开始了建国后的第一次西进运动。

虽然在建国初期就已经确立了工业立国的道路选择①，但是由于当时资源环境的开发历史较短（从 17 世纪初英国殖民者首次登陆北美至 1776 年宣布国家独立只有 170 年的历史），资本和技术的积累不足，尚无力支撑国家大规模的工业化发展。例如，1780 年美国的 GDP（按 1990 年国际元计算）仅为英国的 11.5%，人口仅为英国的 17.4%，人均 GDP 相当于英国的 65.9%。

更为重要的是，此时新生合众国对商品外贸特别是对英国工业制成品的进口尚存在严重的依赖性，从而使得整个国家发展始终无法摆脱巨大外贸赤字的压力。有鉴于此，美国建国后的首要任务不得不从加强土地的生物产品开发入手，大力推进农副业生产能力的提升，以实现国家工业化发展初期目标所必需的社会财富和资本积累。

为了加快阿巴拉契亚山脉和密西西比河之间 400 余万平方千米的土地资源开发，美国国会于 1785 年通过了《土地法令》，并于 1787 年又通过了《西北法令》，以期在新生土地的实际测量基础上，通过定居点（镇）的规划布局来组建新的地方行政（州）政府，以此推进外来移民从事当地的农业土地资源开发活动。作为大规模土地资源开发的支点，政府规定新定居点的城镇建设能够为当地移民提供日常的宗教、教育、商贸、邮政和税收等基本社会服务，以此稳定地区的土地资源开发活动。实际上，这一阶段的土地出售价格低廉，通常每公顷不足 5 美元，甚至在初期还可以采用赊账的方式购买，因而大大加速了土地资源开发西进运动的进度和效果。

相关的数据分析显示，在 1790~1860 年，美国的国土陆地面积和人口分别增长了 2.3 倍和 7.1 倍，耕地和牧场面积则分别增长了 10.0 倍和 2.3 倍。相应地，谷物产量和牛的存栏数则分别增长了近 17.0 倍和 15.5 倍。表 3-3 的分析显示，在这一时期内，全国土地资源开发的增益空间主要发生在阿巴拉契亚山脉以西和落基山脉以东的密西西比河流域地区。为了区别于建国时期阿巴拉契亚山脉及以东的 15 个州，美国人则把这一地区称为新地区。

---

① 在与时任美国总统杰斐逊进行的有关美国现代化的辩论中，美国财政部部长汉密尔顿在其《关于制造业的报告》中提出了美国发展制造业的有利条件和相关发展措施，得到了国会的认可。

表 3-3　1790 年和 1860 年美国地区的相关数据

年份	人口（百万人）	面积（百万公顷）	耕地（百万公顷）	牧场（百万公顷）	谷物产量（百万吨）	牛存栏数（万头）
老地区						
1790	3.8	103.3	6.0	14.2	2.1	90.5
1860	16.0	103.3	6.0	15.2	1.3	89.5
新地区						
1790	0.1	126.9	0.0	6.9	0.1	72.4
1860	15.4	666.8	60.0	55.4	38.4	2597.8
合　计						
1790	3.9	230.2	6.0	21.1	2.2	162.9
1860	31.4	770.1	66.0	70.6	39.7	2687.3

注：① 老地区包括：缅因、新罕布什尔、佛蒙特、马萨诸塞、罗得岛、康涅狄格、纽约、新泽西、宾夕法尼亚、特拉华、马里兰、弗吉尼亚、西弗吉尼亚、北卡罗来纳、南卡罗来纳、佐治亚、佛罗里达和华盛顿特区共 18 个州和特区；

②新地区包括：俄亥俄、印第安纳、伊利诺伊、密歇根、威斯康星、明尼苏达、爱荷华、密苏里、北达科他、南达科他、内布拉斯加、堪萨斯、肯塔基、田纳西、阿拉巴马、密西西比、阿肯色、路易斯安那、俄克拉何马和得克萨斯共 20 个州。

资料来源：U. S. Bureau of the Census, 1975。

　　相对于阿巴拉契亚山脉及以东的老地区而言，新的土地、新的移民、新的产品结构和新的社会组织为这一新生土地开发注入了巨大的活力。例如，1790~1860 年的 70 年间，美国近乎 100% 的谷物、烟草和畜产品（牛）的产出增量均出自这一新地区。同样地，在 19 世纪初引进并得到大面积推广的棉花种植也发生在这一新地区。

　　纵观美国的发展史，商品的市场化发育始终主宰着美国这一新生帝国的成长，其中的一个重要部分便是对外商品贸易，特别是在帝国成长初期阶段。实际上，新地区大规模的农业土地资源开发不仅为每年涌入的上万名境外移民提供了充分的就业机会，而且快速增长的农副产品出口每年更为美国增加了上千万美元的外汇收入，这对减轻新生帝国因制成品进口而产生的对外贸易不平衡增长压力起到了至关重要的作用。数据分析显示，1790~1819 年，美国的年均商品出口额为 0.63 亿美元，其中农副产品的占比为 22.9%，外贸逆差达 0.18 亿美元。与之相比，1840~1859 年，美国的年均商品出口额已经增至 1.99 亿美元，其中农副产品的占比为 49.6%，基本实现了商品外贸进出口的平衡（见表 3-4）。

与出口创汇相比，农副产品生产能力的增长对推动美国产业结构转型的作用更为重要。

表 3-4　1790～1859 年美国农副产品出口及商品国际贸易

单位：亿美元,%

年份	农副产品出口	农副产口出口占商品出口比重	商品出口	商品进口	贸易差
1790～1819	0.14	22.9	0.63	0.81	−0.18
1820～1839	0.44	48.6	0.90	1.05	−0.15
1840～1859	0.99	49.6	1.99	1.99	0.00

注：①出口价值按多年均值计算；
　②此表中农副产品出口只涉及棉花、烟叶和小麦三大类，不包括其他农副产品、畜产品与林产品。

资料来源：U. S. Bureau of the Census，1975。

美国的工业化大约起步于 19 世纪初，与欧洲的工业化先导国家相同，美国工业化初始阶段的发展同样建立在本国生物资源初级加工的基础之上。轻纺工业生产的原材料完全取自当地的农业生产供给，而且资本准入门槛和生产技术水平相对较低，产品与当地民众生活和国家社会发展需求直接相关，因此成为美国工业化初期占有绝对优势的主导部门。例如，仅在 1820～1850 年，美国纺织业的纱锭数量就增加了大约 9 倍。其结果是，到 1860 年，美国共有 130 多万人从事制造业工作，其中 80.0% 人员就业于轻纺部门。此时，以轻纺工业为主的第二产业增加值较 1820 年时增长了近 8.8 倍，并最终超越了农业生产部门（第一产业），成为美国社会财富积累（GDP）的第二大贡献者。

二　成长开发阶段

需要指出的是，美国工业化发展路径的选择最大限度地发挥了本国水土资源的巨大开发潜能。实际上，正是得益于农耕文明阶段土地资源开发所造就的强壮"母体"，美国制造业这一"婴儿"才能得以顺利生产，并在此后的成长过程中源源不断地汲取来自"母体"充足而又优质的"奶水"。

1845 年佛罗里达州并入联邦版图后，极大地刺激了美国的西进欲望。建设一个从大西洋到太平洋，或从北极到南极的强大帝国已经成为当时美国政治精英所追求的一个"天定命运"和梦想（李胜凯，2003；杨生茂，1991）。到 1853 年时，美国的陆地土地面积已经达到了 19 亿英亩，约合 768.9 万 km^2。换言之，此时的美国已经将其疆域扩展到了包括华盛顿特区在内的北美大陆本土 48 个州。然而，这一时期的密西西比河流域东部土地尚有很大开发空间，因此，直到南北战争（1861~1865 年）结束后，全国仍有 2/3 的土地处在空置状态，被保留在公共领域内。

南北战争结束后，美国开始按照统一后的国家原则开展新一轮的土地开发西进运动。在这一新阶段，由于获得了铁路这一新的工业技术支撑，美国土地资源的西进开发活动大大超过了以往任何时期。

为了突破阿巴拉契亚以东地区有限能源和矿产资源开发的瓶颈，推动国内新兴的轻纺工业发展，在英国开始世界上第一条铁路运营后不久，美国便迅速开始了本国大规模的铁路建设。1828 年美国的第一条铁路（从巴尔的摩到俄亥俄州）开始铺设，全长为 23 英里，约合 37km，并于 1830 年完工。此后，美国的铁路建设进入了第一次高潮。到 1860 年，美国铁路总长度为 30626 英里，约合 49288 km，与当时整个欧洲的铁路长度大体相当。为修建横跨大陆的铁路，1862 年美国政府先后将相当于 10% 的大陆土地面积（约 1.9 亿英亩，约合 76.8 万 km^2）划归铁路建设之用。1869 年 5 月 10 日，耗时 7 年，被誉为世界铁路史上一大奇迹的横贯美国东西的铁路大动脉建成。

1819 年，铁路货运量超过了 10.8 亿 t，货运周转量达到了 536 亿 t/km，平均运距接近 500km。与 1870 年相比，分别增长了 15.4 倍、73.7 倍和 36.0 倍。这一变化的结果充分证明，美国的土地资源开发和市场化发育已经开始从局部走向了全国。

铁路建设的持续大规模投入无疑为美国金属原材料和动力机械等制造业的发展带来极为利好的市场发育环境，从而为第二产业从以轻纺工业为主向以重化工业为主的转型提供了不可或缺的动力来源。其中最为关键的是以煤炭和铁矿石为主导的矿物燃料和金属矿产的大规模开发和利用。从此，美国成功地实现了以农产品生产为主向以能源矿产生产为主的产业结构转变，开始进入国家工业化的全面发育阶段。

首先在煤炭生产方面。1860 年美国的煤炭产量还只有不足 0.2 亿 t，到 1919 年已经超过 5.0 亿 t，其间的增幅接近 27 倍。如此快速增长的煤炭生产推动了美国整个社会生产动力来源结构的变革。1860~1930 年美国社会生产动力来源结构变化如图 3-2 所示。1860 年，美国整个社会生产动力的供应大约有 70.0% 依赖牲畜和人力等生物类资源。到 1930 年，社会生产动力供应的生物类资源比例已经快速下降至不足 3.1%，降幅高达 65.8 个百分点。这种变化意味着美国整个社会生产动力来源新革命时代——矿物燃料（煤炭）时代的到来。

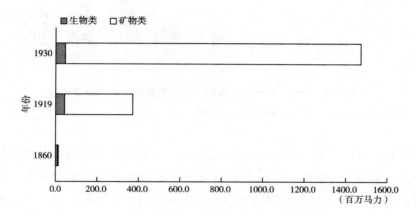

图 3-2　1860~1930 年美国社会生产动力来源结构变化

资料来源：米切尔，2002。

其次在金属矿产方面。为了满足大规模的铁路交通运输建设和运营发展需求，美国加大了国内矿产特别是铁矿资源的开发和加工强度。1860 年，美国的铁矿石、生铁和粗钢产量分别只有 292 万 t、84 万 t 和 1.2 万 t，到 1930 年，则分别增至 6235 万 t、4430 万 t 和 5821 万 t，分别增加了 20.4 倍、51.7 倍和近 4850.0 倍（见图 3-3）。

最后在机械制造业方面。此方面发展的最大亮点体现在铁路交通运输设备制造业方面。直到 19 世纪中叶，美国铁路运营所依赖的机车、货车和客车等设备主要从欧洲特别是英国进口，致使美国对外贸易长期处于赤字状态。其中，仅在 1851~1875 年，美国的对外贸易逆差就高达 18.53 亿美元。为此，美国不断加快机械特别是铁路设备制造业的发展。到 1910 年，美国本土的铁路机车和货车产量已经达到了 4755 辆和 4288 辆，较 1871 年

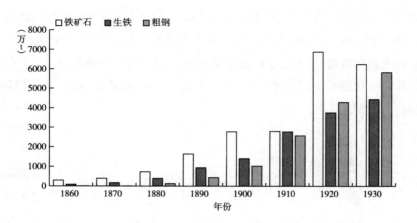

图 3-3　1860~1930 年美国铁矿石、生铁和粗钢产量变化

资料来源：Schurr S. H.、Netschert B. C.，1960。

的产量分别增长了 26.7 倍和 2143.0 倍。此后，因汽车出行迅速地取代了铁路出行，美国又开始进入了以汽车制造为主的机械制造业发展里程。统计资料显示，到 1950 年，美国的社会汽车拥有量超过了 800 万辆，其中私人汽车近 667 万辆，商用汽车约为 134 万辆（见图 3-4）。

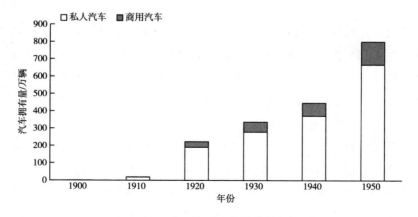

图 3-4　1900~1950 年美国社会汽车拥有量变化

资料来源：Schurr S. H.、Netschert B. C.，1960。

　　交通基础设施的建设和制造业的发展极大地推动了美国产业结构的演进。到 1940 年时，原材料和制造业（第二产业）的生产贡献了 48.0% 的美国 GDP 产出，超过了第三产业 4 个百分点，成了全国第一大产业部门。这一发展最终成就了美国在全球制造业中的霸主地位。显然，没有土地资源开发从谷物和牲畜等生物物质生产向能源矿产等非生物物质生产的成功转型，美国的工业化发展是无法取得如此巨大的成功的。

　　随着原材料与制造业的兴起，美国的工业化发展开始进入成熟阶段。由于建立在能源矿产基础上的社会生产方式发展与建立在自由贸易基础上的市场化发育两者之间存在着明显的时空协调矛盾和冲突，化解这种矛盾和冲突乃是国家特别是大国工业化发展过程中所面临的一大挑战。

　　历史表明，作为一种新型的社会生产方式，工业化的发展完全建立在国家乃至全球资源环境全要素的大规模开发基础之上。然而，从市场发育的环境变化来看，为了保障机械化与自动化生产的连续和稳定（对投资者或资本家而言，则是利润增长的连续和稳定），工业化的发展必须获得一个能够与其生产能力增长相适应的庞大消费市场作为支撑。因此，消费大众化便成了工业化发展的一个必要充分条件和前提。无法想象，城乡就业市场在没有充分发育状态下能产生出如麦当劳和肯德基等连锁式的生产和经营模式。同样地，没有国家人均收入的普遍提高，也不会实现私人汽车的迅速普及，更无法造就如日本丰田、美国福特、意大利菲亚特和法国雪铁龙等年产数以百万辆计的汽车制造企业（商），以及遍布世界各个国家大小城镇的庞大汽车销售与维护网络。生产集约化+消费大众化正是国家工业化和现代化的基本运作模式。美国工业化成熟阶段的实践恰恰证明了这一点。

　　进入 20 世纪 20 年代后，当美国社会正在执着于制造业的快速发展时，生产集约化和消费大众化两者间发育的脆弱平衡局面被悄然打破。1920～1929 年，制造业工人的人均生产率虽然提高了 55%，但同期全国工人的平均小时工资只上升了 2%。与此同时，农民的实际收入则因农产品价格的不断下跌与生活费用的日益上升而发生了实质性减少。相关统计数据表明，1935～1936 年，占美国城市家庭总数 60% 以上的低收入家庭（收入为 1000～2999 美元）的人均年收入仅为占美国城市家庭总数 5% 的高收入家庭（收入为 10000～50000 美元）的人均年收入的 4.2%。当无法通过银行的贷款来提振社会的整体消费时，GDP 的增长便开始出现大幅缩水，相应地，城乡失业率则出现大幅攀升。与 1929 年相比，1933 年美国 GDP 的降幅达 28.5%，失业率则上升了 22.2%。如此大的社会发展变化最终使得美国遭受到自建国以来最为严重的一次经济大危机，并迅即演变成全球工业革命以来最为严重的一次经济大萧条。其结果不仅引发了美国乃至全球经济发展的大倒退，并最终导致了第二次世界大战的爆发。

祸兮福所倚。这次经济危机所导致的一个必然结果便是为美国联邦政府直接干预国家市场化发育提供了难得的机遇。利用 20 世纪 30 年代对内实施的救济、复兴和改革的罗斯福新政以及 40 年代中期后对外实施的出口导向的马歇尔（援欧）计划，美国成功地摆脱了经济危机。到 1950 年，美国的 GDP 达到了 1.46 万亿（1990 年国际元），较 1933 年大幅增长了 1.4 倍以上，占全球比重则达到了 27.2%。

美国经济实力的增长得益于此前在布雷顿森林会议（1944 年）上成立的国际复兴开发银行（世界银行前身）与国际货币基金组织（International Monetary Fund，IMF）两大机构，最终确立了第二次世界大战后美国在全球经济新秩序建设中的霸主地位。

三 全要素开发阶段

1961 年，哈维（S. P. Harvey）和洛顿（W. Jr. Lowdon）发表了名为"自然资源禀赋与区域发展"的文章。根据美国工业化的长期实践，他们提出了资源环境开发与区域发展的阶段性理论。文章提出，在美国区域开发初期，东部的纽约、波士顿、巴尔的摩一带的农业土地资源开发占据了整个国家经济发展的主导地位。在此后百余年的快速工业化进程中，西部大规模的矿产资源开发使美国成为世界矿产资源开采与矿产品加工的基地。到 1930 年，美国煤炭、石油、钢铁及各类有色金属的产量均已达到全球第一的位置。大约自 20 世纪中叶起，服务业特别是旅游、观光与休闲产业的发展又成为美国国家发展的重心，而这一产业的兴起则完全建立在良好自然生态的基础之上，特别是在南部和西部沿海地区。

依据哈维和洛顿的观点，虽然美国的建国历史只有 200 多年，但是其土地开发的活动却是存在着一个从单一要素（耕地+牧场）走向多要素（耕地+草场+能源+矿产）、再走向全要素（耕地+草场+能源+矿产+环境）的演进过程。这种土地资源开发活动的转变过程恰恰是目前世界所有国家，特别是人口与国土资源大国已经走过或者正在走的道路。其中，推动这种土地开发活动转变过程的主要动力则来自城镇化。

作为现代社会财富积累的核心和最佳空间组织形态，现代城镇化的发育状态更能体现美国土地资源全要素开发活动总体面貌和基本特征。

建国之初，美国的人口城镇化率只有 4.2%，经济城镇化率（城镇 GDP 占全国 GDP 的比重，下同）不足 6.4%，两者共同决定的美国整体城镇化率不足 5.2%[①]。相应地，此时全国的城镇土地占用比重仅有 0.04%（包括农村等在内的全国城乡居民点用地比重为 0.12%）；交通用地所占比重则仅有 0.82%。

国家工业化起步后，情况开始出现相应变化。1860 年美国的人口城镇化率升至 20.0%，经济城镇化率达到了 33.0%，整体城镇化率达到了 25.5%（见图 3-5）。相应地，此时全国的城镇土地占用比重为 0.37%（包括农村等在内的全国城乡居民点用地占比为 0.94%），交通用地所占比重实际达到了 1.0%（见图 3-6）。就总体而言，此时全国土地资源开发的多要素格局变化已经快速地走向清晰。

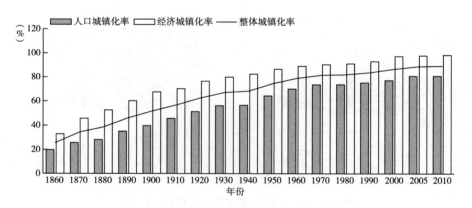

图 3-5　1860～2010 年美国城镇化发育过程

资料来源：Schurr S. H.、Netschert B. C.，1960；米切尔，2002。

---

① 整体城镇化水平是在人口城镇化和经济城镇化两者共同作用下所表现出的国家或地区城镇化率的整体发育状态。其中，人口城镇化率为城镇人口与国家或地区总人口之比；经济城镇化率为城镇经济产出与国家或地区 GDP 之比。整体城镇化率的基本计算公式为：UIy = EU，EP。其中，UI 为国家或地区城镇化的整体发育水平，y 为几何平均值，EU 为经济城镇化发育水平，EP 为人口城镇化发育水平。

经历了近百年的工业化发展，上述情况发生了巨大变化，到工业化成熟期的 20 世纪 50 年代，美国的人口城镇化率为 64.2%，经济城镇化率则升至 86.5%，从而使得美国整体城镇化率达到了 74.5%。与此同时，这一时期的全国城镇土地占用比重上升至 2.2%（包括农村等在内的全国城乡居民点用地占比为 2.76%），交通用地所占比重约为 1.2%。更为重要的是自然保护区的土地占用，其所占比重达到了 1.4%。这一变化意味着美国土地资源全要素开发时代的到来。

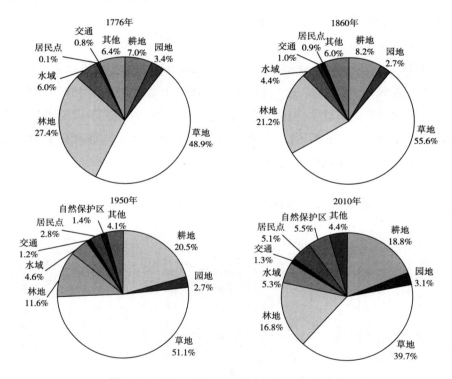

图 3-6　1776～2010 年美国土地资源开发过程

注：① 1776 年美国独立时的国土面积为 103.6 万 km²；

② 1860 年以后的美国国土面积约 808.1 万 km²，涉及美国大陆本土的 48 个州，不包括阿拉斯加和夏威夷 2 个州；

③ 草地为天然草地、林地牧场和农田牧场三者面积之和；

④ 交通用地只涉及农村地区，但不包括城市地区的交通用地。

资料来源：Bureau of the Census、U. S. Department of Commerce，1975；United States Department of Agriculture、National Agricultural Statistics Service，1930，1860。

进入 21 世纪后，情况变得更为明朗。2010 年美国的人口城镇化率为 80.8%，经济城镇化率则更是升到了 98.5%，从而使美国整体城镇化率达到了 89.20% 的高位。相应地，美国城镇土地占用比重上升至约 4.7%（包括农村等在内的全国城乡居民点用地占比约为 5.1%），交通用地所占比重约为 1.3%，自然保护区用地占比则快速升至 5.5%。值得一提的是，自 20 世纪 50 年代以来，美国的水域面积基本保持着正增长的态势。2010 年美国国土的水域面积占比约为 5.3%，较 1950 年增长了 0.7 个百分点。

第四节　草地资源开发

美国是全球草地的资源大国和畜牧业大国。根据相关文献资料和专家的研究，在欧洲殖民者未抵达北美大陆之前，天然草场的面积超过 400 万 km^2，占美国国土总面积的 45.0% 以上[①]（R. White and M. Rohweder，2000；Bureau of the Census、U. S. Department of Commerce，1975）。然而自英国在北美建立第一个永久性殖民地后的 400 多年间，美国大陆（不包括西北的阿拉斯加和太平洋岛屿的夏威夷 2 个飞地州，下同）的天然草场面积已经萎缩至约 260 万 km^2，减幅超过 35.0%。

纵观美国草地资源的开发过程，大体经历了初始开发、高速开发和全面调整 3 个阶段。

一　初始开发阶段（1607~1850 年）

从 1607 年英国第一批殖民团队在弗吉尼亚海滩登陆到独立战争胜利后的很长时期内，美国社会的活动区域主要集中在东部沿海的 13 个州。尽管拥有 12.8% 的美国大陆面积和相当规模的天然草场，但是作为大英帝国的海外属地，东部沿海 13 个州的土地资源开发被定位于如烟草和谷物等农副产品的输出地。因此，长期的集约化农田生产严重地挤占了当地草地资源的发育空间。即使是在独立战争胜利后，美国东部沿海 13 个州的土地资源开发依然继续保

---

① 由于土地利用分类中的林地约有 1/3 的面积为宜牧草地，因此实际上美国的草场面积远大于天然草场的统计数据。例如，1940 年美国的天然草场面积为 204.0 万 km^2，当年的林地牧场面积为 96.6 万 km^2，两者合计的草场面积超过了 300.6 km^2。若考虑到还有 27.0 万 km^2 种植苜蓿等饲草的农田牧场，美国草场的实际面积则可达 327.6 km^2。

持着殖民时期的传统和惯性，草地资源的开发无任何优势可言。

图 3-7 表明，在美国独立 70 多年后的 1850 年，其东部沿海 13 个州的天然草场、灌木牧场和耕地面积约为 7.5 万 km²、8.1 万 km² 和 21.5 万 km²，与 1770 年美国独立前相比，天然草场的面积减少了约 0.27 倍，相反，林地牧场和耕地面积则分别增加了 1.0 倍和 2.7 倍以上。

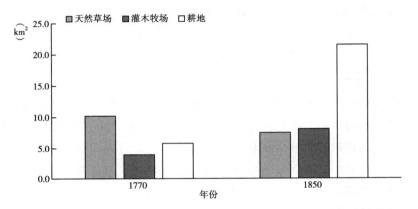

图 3-7 1770 年与 1850 年美国东部沿海 13 个州草场、牧场与耕地面积变化

注：美国东部沿海 13 个州包括：新罕布什尔州、马萨诸塞州、罗得岛州、康涅狄格州、纽约州、新泽西州、宾夕法尼亚州、特拉华州、马里兰州、弗吉尼亚州、北卡罗来纳州、南卡罗来纳州、佐治亚州。

资料来源：Bureau of the Census、U. S. Department of Commerce，1975；United States Department of Agriculture、National Agricultural Statistics Service，1930，1860；D. P. Bigelow and A. Borchers，2017。

二 高速开发阶段（1851~1930 年）

1853 年，在吞并了新墨西哥州之后，美国最终拥有了一个将大陆 48 个州连成一体的广袤地带，其面积超过了 800.0 万 km²。北美著名大草原的主体部分正好处于这一广袤地带的中心位置。由于地势平坦、土质良好和降水适中，自 19 世纪中叶起，随着横贯美国大陆铁路干线的投入运营，这一草原地带便成了美国西进运动的土地资源开发热土。

美国中部的大草原大体分为东部和西部两个区域，其中东部区包括了北达科他、南达科他、内布拉斯加、堪萨斯、俄克拉荷马和得克萨斯 6 个

州，是美国主要的高草型和混合型两类草场的集中分布地；西部区包括了
蒙大拿、怀俄明、科罗拉多和新墨西哥 4 个州，是美国主要的矮草型草场分
布地。2017 年上述东西两个区域的面积共计为 289.2 万 km²，占美国本土
（按 48 个州计算，下同）总面积的 35.8%（见表 3-5）。

表 3-5　2017 年美国中部草原土地资源与人口分布

项目	土地面积（万 km²）	天然草场（万 km²）	人口（万人）	GDP（亿美元）
东部区	167.3	82.6	3871.2	21696.5
西部区	121.9	57.5	934.1	4987.7
合计	289.2	140.1	4805.3	26684.2
占全美比重（%）	35.8	52.8	14.8	14.8

资料来源：UNITED STATES DEPARTMENT OF AGRICULTURE。

就土地开发和利用而言，资源禀赋的地域特征对当地产业发育的基本
秩序和总体走向产生着深刻乃至决定性的影响。正因如此，美国中部大草
原的主导地位从一开始就决定了这一地区在全国农业生产特别是畜牧业发
展中的核心地位，且保持至今。

在西方殖民者大规模垦殖之前，美国中部的大草原或大平原长期保持着原
始草原的自然风貌，其广袤的草原是美洲野牛和羚羊等食草动物的理想栖息地。
然而，自 19 世纪后半叶起，以电气化为代表的第二次工业革命不仅彻底改变了
美国的人文社会面貌，而且彻底改变了中部大草原的自然生态景观。

首先，凭借第二次工业革命，美国成功地建立起了以重化工业制造为
主体的社会生产体系，并通过城镇化的快速发展实现了国家现代化的基本
目标。1860~1930 年，美国的 GDP（按购买力计算，下同）增长了 10.0 倍
以上，第二产业超过第三产业，成功上位成为一把手。与此同时，美国人
口则从 3144 万快速增至 12278 万，年均人口增长了约为 130.5 万。1930 年
全美的城镇化率已经超过了 56.1%，与 1860 年的 80.0% 以上的人口居住在
农村形成鲜明对照。这种发展导致了美国国内的肉类与粮食的消费需求大
增。其次，一方面自 19 世纪 60 年代起，英国的肉类供应难以满足国内的消
费需求增长，出现了严重供应问题；另一方面因欧洲大陆的养牛业为炭疽
病所困，导致数百万头牛被屠杀，而此时美国西部牧区的开发稳定了欧洲
大陆和英国的肉类货源供应。例如，美国 1860~1890 年向西欧出口的肉类
和动物制品的出口额从 150 万美元上升到 1730 万美元。同样地，1876 年，

美国出口英国的活牛仅为 380 头和牛肉 1.4 亿磅（约 6.4 万吨），但到 1879 年，这一数据已经变为活牛 75.9 万头，牛肉 5.6 亿磅（约 25.4 万吨）（美国农业部，1963）。国内国外市场对肉类需求的增加，为美国大平原北部放牧业的发展注入了巨大的经济推动力（周钢，2008）。

毫无疑问，这一时期是美国牧业特别是中部草原区牧业发展最为成功的时期。相关统计数据表明，1860～1930 年，美国全国牛的存栏数从 1810 余万头上升至约 6400 万头，增幅超过了 2.5 倍，其中中部草原区的贡献度约为 50.0%。换言之，在 1860～1930 年，美国全国的牛存栏数增量约 4590 万头，其中约 2300 万头的增量来自中部草原区的 10 个州（Bureau of the Census、U. S. Department of Commerce，1975）。

然而，在中部草原区土地资源开发的舞台上，畜牧业的发展并非唯一的角色。实际上，随着国内外消费需求的增长，中部草原区在农副业产品特别是在棉花、小麦和玉米的生产方面同样取得了巨大进步。同样是在 1860～1930 年，美国全国的棉花、小麦和玉米的产量分别增长了 2.6 倍、4.1 倍和 1.5 倍以上，在上述增量中，中部草原区的贡献度则分别超过了 40.0%、60.0% 和 20.0%。

经历了 70 多年的大规模开发，中部草原区的发展取得了显著提升。其中农牧业的成就令人印象深刻。1860 年，中部草原区人口和 GDP 只有全国的不足 0.5%，畜牧业和种植业的主要产品产量占全国的比重一般在 2.0%～6.0%。到了 1930 年，情况发生了明显变化，拥有全国 1.81% 人口的中部草原区却产出了全国 8.73% 的 GDP，其中如马、牛、羊和谷物等主要农牧业产品占全国的比重均超过了 1/3（见表 3-6）。

表 3-6　1860 年和 1930 年中部草原区人口、GDP 与农牧业生产占全国比重

单位:%

年份	人口	GDP	畜牧业				种植业	
			草场面积	马	牛	羊	耕地面积	谷物产量
1930	1.81	8.73	52.80	37.5	36.2	56.1	45.7	33.5
1860	0.41	0.32	52.80	5.8	6.7	3.8	6.8	2.0

注：1. 谷物产量只包括小麦、稻谷、燕麦和大麦 4 种粮食作物；
2. GDP 按当年价计算。
资料来源：United States Department of Agriculture、National Agriculture Staitstics Service，1930，1860；
Bureau of the Census、U. S. Department of Commerce，1975。

　　需要指出的是，在重商主义的持续追求与资本、技术与管理的有限支撑的共同作用下，大规模的草地资源开发业在获得巨大社会产出的同时，也付出了十分沉重的代价，其中最为明显的结果就是草地大面积地萎缩和草场植被的快速退化。

　　就草地面积的萎缩而言，草地在西部大开发初期的 1860 年占美国大陆（按大陆 48 个州计算，下同）总面积的比重为 55.7%，面积在 450.0 万 km²以上，其中天然草场的主导地位突出，面积约为 378 万 km²，占整个草地面积的 84.0%。然而，到草地资源开发鼎盛时期的 1930 年，美国大陆的草地面积降至 422.0 万 km²，减幅近 28.0 万 km²；其中天然草场面积则降为234.0 万 km²，减幅更是高达近 144 万 km²。与此同时，为满足国家工业化和城镇化的快速发展需求，在 1860~1930 年，包括耕地、城乡居民点（包括工矿用地）和交通运输等在内的各类用地增长了 111.0 万 km²，增幅达 37.1%。总的来看，在草地萎缩的过程中，受益最大的当属农用耕地，其面积增长超过了 100 万 km²，在国家土地利用中的占比相应地提升了 12.5 个百分点；其次为包括工矿生产在内的城乡居民点用地，面积增幅也超过了 9.8 万 km²，在土地利用中的占比则提升了约 2.2 个百分点（见图 3-8）。

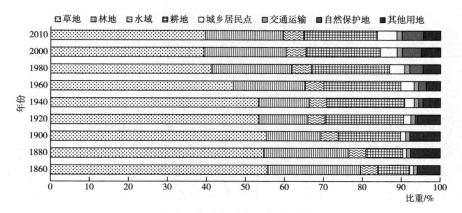

图 3-8　1860~2010 年美国土地利用结构变化

　　资料来源：United States Department of Agriculture、National Agriculture Statistics Service 1930，1860；Bureau of the Census、U. S. Department of Commerce，1975。

就草场植被的退化而言，情况表现得更为严重。相关的研究表明，自西进运动进行 100 多年来，由于过度开发，美国全国草地植被呈现出大幅退化。到 20 世纪初，美国大陆草地的退化面积约为 120 万 km²，草场整体退化率则达到了近 80.0%。按照美国的草地分类，高草牧场的退化面积为 67.1 万 km²，草场退化率高达 96.8%，为各类草场中最高的；混合牧场的退化面积为 40.1 万 km²，草场退化率高达 58.4%；矮草牧场的退化面积为 12.3 万 km²，草场退化率高达 56.3%。在美国大陆草场退化中，中部草原区最为突出。具体而言，除了在高草牧场退化面积的占比尚未超过50.0%，中部草原区在混合和矮草两类牧场草地的退化面积均占到了100.0%（见表 3-7）。

表 3-7　1800~1930 年美国草场植被退化分析

类型		全国	中部草原区	中部草原区占比,%
高草牧场	退化面积（万 km²）	67.1	32.0	47.6
	退化率（%）	96.8	89.6	—
混合牧场	退化面积（万 km²）	40.1	40.1	100.0
	退化率（%）	58.4	58.4	—
矮草牧场	退化面积（万 km²）	12.3	12.3	100.0
	退化率（%）	56.3	56.3	—
草场合计	退化面积（万 km²）	119.5	84.4	70.6
	退化率（%）	79.8	71.4	—

资料来源：R. White et al., 2000。

实际上，1862 年《宅地法》颁布之后，大批移民涌入大平原，对西部草原进行了迅速的开发。此后不到 30 年，外来移民迅速遍布了美国西部的大平原，牧牛场已经遍及了整个平原的草地。其结果是，密西西比河以西 7亿英亩（约合 283 万 km²）的草原发生退化或遭到破坏（何顺果，1992；美国农业部，1963）。如此看来，草场面积的萎缩和植被的退化产生了惊人的负面效应。

首先，草场面积的萎缩和植被的退化导致了载畜能力呈现大幅下降。相关数据分析表明，美国牛的存栏数 1930 年为 6389.6 万头，较 1920 年高峰时的占比下降了 4.1 个百分点，其中中部大草原区的降幅为 1.1 个百分点。到1940年，牛的存栏数进一步降至60067.5万头，较1920年的存栏数更是下降了9.0%，其中中部大草原区的降幅则高达13.4%。

其次，长期大规模的工农业生产开发造成美国草地生态系统发育的严重失衡。一方面，种植业的快速扩张导致农用灌溉用水的大幅增长，例如，仅在1900~1940年，美国全国的农用灌溉用水量就增长了2.5倍，其中80.0%以上的增量来自中部的大草原区。另一方面，19世纪中叶美国发现了大量石油，其资源的集中地主要在俄克拉何马、得克萨斯等这类草原州。短短几十年，数以百万的人口迁移到这片土地，从事石油开采活动。1900年，美国的原油产量达到世界第一，从而达成了美国经济总量超越英国的目标。然而大规模的石油开采破坏了地下水的地质水文环境，从而加速了当地草场沙化进程。与此同时，发生于1929年的美国经济危机迫使中部草原区的大量农田弃耕，更加重了的土地沙化程度。

三　全面调整时期（1931年至今）

20世纪30年代初北美西部地区遭遇了百年不遇的干旱，其结果是自1934年5月11日起发生了震惊全美乃至世界的一场"黑风暴"（Black Blizzards），且一刮就是8年，成为美国有史以来土地资源遭破坏最严重的事件。这场风暴从美国西部的得克萨斯州至俄克拉何马州走廊地带和新墨西哥州、科罗拉多州和堪萨斯州土地破坏最严重的地区刮起，狂风卷着黄色的尘土，遮天蔽日，向东部横扫过去，形成一个东西长2400千米、南北宽1500千米、高3.2千米的巨大移动尘土带，当时空气中含沙量达40t/km³。3天时间之内，横扫美国2/3的大地，刮走土壤达3亿多吨。风过之处，水井、溪流干涸，牛羊死亡，人们背井离乡，一片凄凉。这场"黑风暴"使得中部平原区100多万英亩（约合4000多km²）农田上的2~12英寸（约合5~30cm）的肥沃表土全部丧失，土地变成一片沙漠，全年冬小麦减产达51亿公斤，成千上万的人被赶出了家园（M. George. ed., 1967; O. S. Oliver, 1980; C. W. Willard, 1979; 吴天马, 1996; 周钢, 2008）。

"黑风暴"的肆虐充分向世人展示了土地资源过度开发所造成的严重生态恶果，为确保国家土地资源的可持续开发，美国联邦政府直接出手，通过持续颁布各类法律法规、大力推进绿色工程及相关政策的实施以从根本上扭转不断恶化的土地开发环境。

首先，建立绿色防护屏障，改善草地生态，恢复外部环境。美国政府在"黑风暴"事件发生两个月后，拨出 2500 万美元专项资金实施"罗斯福"防护林工程，以求遏制沙尘暴规模的持续扩张。这一防护林带由 2 亿棵以上的树组成，从美加边境的北达科他州和明尼苏达州，一直向南延伸至得克萨斯州，贯穿美国大陆南北，形成了一道巨型草原防护带。与此同时，政府号召中部草原区改良耕种方式，大幅缩减小麦种植面积，以改种存活率高的玉米，并以轮作和保护性耕作有效阻止土壤风蚀（高祥峪，2011；徐国劲等，2019）。

其次，颁布系列法律，并成立相关机构，为国家土地开发环境的改善提供法制和管理保障。例如，为遏制草场过度的放牧行为，1934 年美国联邦政府制定并通过《泰勒放牧法》（任继周，2012）。为提高治理效率和制定专业性管理，美国政府于 1935 年通过《土壤保护法》，并成立了水土保持署，各州也成立了草原委员会，目的在于指导和规范农户的耕作行为（王庆国，2010；金攀，2010）。1936 年国会通过了《土壤保护与国内配额法》，以推进农户加大种植业产品结构调整，防止土壤沙化（车凤善、张迪，2004）；同年，政府又通过了《标准州水土保持区法》，以强化对草原土壤侵蚀进行全面治理（冯慧敏等，2009）。此外，针对草原管理方面的突出问题，美国政府又相继出台一系列指向性法律条款，例如 1978 年颁布的《公共草地改良法》，1994 年颁布的《草地革新法》等。需要指出的是，美国政府在 1969 年颁布的《国家环境政策法》中首次提出了环境影响评价制度，这对美国草原保护建设产生了深远影响（农业部赴美国草原保护和草原畜牧业考察团，2015）。

再次，为坚持生态治理活动的稳定性和长期性，联邦政府首先对当地农户实施财政补贴和鼓励政策，以确保尘暴治理区农户的正常生活和生产。例如，为农户从事有利于保持水土的种植与耕作活动给予补贴，弃耕恢复自然状态的每户农户可享受每年每公顷 85～100 美元的财政补助（唐纳德·沃斯特，2003）。与此同时，美国联邦政府于 1985 年开始实施退耕（牧）还草项目（Conservation Reserve Program，CRP），补贴标准根据农田或草地的生产水平具体决定，每年每户的补贴不超过 3 万美元。该项目执行周期为 10～25 年，仅在 2012 年，项目实施面积便已超过 90 万公顷。1991 年开始推进放牧地保护计划（Grazing Land Consevation Initiative，GLCI），针对私有牧场开展免费的技术指导和培训，普及先进的牧场管理技术，提升牧场主生产管理能力，推进草原和草原畜牧业可持续发展。1996 年联邦政府又开始实施环境质量激励项目（Environmental Quality Incentives Program，EQIP），主要是通过草田轮作等技术改良农田，减少水土流失，提升环境质量，以加强农田和草原资源保护。该项目执行周期一般为 6 年，最长不超过 10 年。在执行期内，每户参与者可获得的直接和间接支付在 30 万美元以内，环境质量提升显著的在 45 万美元以内（农业部赴美国草原保护和草原畜牧业考察团，2015）。

最后，设立了专业治沙科研机构，开展相关技术和基础学科的研究，以探索草地沙化科学治理模式及快速展开相关技术的推广。如在 20 世纪 30 年代中期，联邦财政部门设置专项资金进行固沙技术的研发，将植物秸秆、废纸等废弃物利用起来开发出新型土壤防护材料，在实现有效固定沙化土地的同时又解决了农业废弃物的利用问题。此外，联邦政府从财政计划中设立专门的科研基金，用以开展诸如土地潜力分类、适宜性评价等相关科学问题的研究，为大平原地区土地资源的有效保护、科学开发和合理利用提供理论指导与技术支持。

经过 70 多年的政策法规、资金、科技投入和工程实践，美国土地退化的治理效果有了显著提升。

首先，美国草原地区的土壤侵蚀、土地退化和植被破坏问题得到了较好的治理。有关资料表明，20 世纪 90 年代美国西部平原地区耕地的年土壤侵蚀量较 60 年代前减少 40%（约 14 亿 t）；2007 年当地的土壤水蚀量已经降低至每年 8.7 亿 t，风蚀量降低至每年 7.0 亿 t，生态环境得到了显著恢复（USDA，NRCS，Iowa State University，2009）。

其次，美国草地开发结构已经回归到相对稳定的状态。根据美国农业部的调查资料，在大规模西进运动初期的 1860 年，天然草场面积约在380.0 万 km²，在美国大陆草地开发结构中所占比重高达 81.3%，绝对主导地位明显（见图 3-9）。到了西进运动土地资源开发高峰期的 1940 年，由于农业（种植业）现代化和城镇化的快速发展，美国天然草场的面积已经萎缩至仅有 204.0 万 km²，在大陆草地开发结构中所占比重也随之降到了62.3%。此后，随着草地沙化治理和生态修复投入的不断加大，美国大陆草场的面积开始呈现一定程度的恢复，其中尤以天然草场面积恢复的成效最为突出。到 2010 年，天然草场的面积已经恢复到 265.0 万 km²，较 1940 年增长了 60 多万 km²；其在大陆草场面积所占的比重也上升至 82.1%，增幅达 19.8 个百分点。

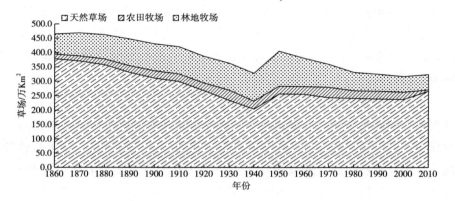

图 3-9　1860~2010 年美国草场面积与结构变化

资料来源：United States Department of Agriculture、National Agriculturd Statistics Senice 1930，1860；Bureau of the Census，U. S. Department of Commerce，1975。

最后，由于采取了较为严格的管理措施，过度放牧对草场生态的破坏有所减轻。例如联邦政府规定草地年利用率不得超过牧草年生长量的 50% 且要求牲畜围栏圈养等，美国畜牧业在生产发展与生态保护两者间逐步建立起了较好的平衡关系。相关数据显示，自西进运动之后，美国畜牧业的牛和羊的存栏数始终保持快速增长的态势。例如，在 1860~1970 年，在草地的面积大幅减少的同时，美国大陆 48 州的牛的存栏数反而增长了 2.8 倍以上，以致这里的单位草场载畜量增长了 2.2 倍。显然，即使在生产与生态和谐发展政策实施了多年之后，重商主义的传统理念依然在顽固地影响着美国草地资源开发的基本价值取向。实际上，直到 20 世纪 90 年代以后，美国大陆的草场载畜量才开始出现下降局面。到 2012 年，美国大陆草场的单位载畜量已降至 28 头（按牛单位计算：5 头羊折合 1 头牛），与 1970 年相比，减少了 12.5%（见图 3-10）。

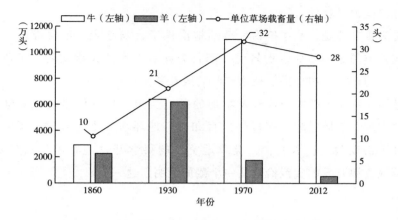

图 3-10　1860～2012 年美国牛羊存栏数与草场载畜量变化

资料来源：Bureau of the Census, U. S. Department of Commerce, 1975; United States Department of Agriculture, National Agricultural Statistics Service, 1930, 1860。

第五节　结论

就资源禀赋、开发条件和区位环境等而言，在全球草地资源大国中，美国的草地资源开发有着相对得天独厚的地位。然而，在重商主义和工业化的加持下，仅用了半个多世纪的时间，便造成美国中部草原地区大范围的土地沙化，最终导致了 20 世纪 30 年代中期举世震惊的"黑风暴"事件，直接威胁到整个国家的生存安全。正像当年美国人喊出的：没有土地，就没有粮食，就没有生存基础。

当灾难发生后，美国联邦政府直接出手干预。经历了数十年的努力，花费了几代人的心血和巨大代价，美国草地沙化问题才得到较为有效的解决。尽管如此，与大规模西进运动之初相比，美国天然草场的面积还是减少了 30.0% 以上。

作为地球上生命力最为顽强和环境适应性最为广泛的植物物种，草本植物自出现后便迅即遍布于地球大陆的各个角落，即使是环境极为恶劣的极地，同样也被其占领。相关研究表明，自距今 6500 万年前白垩纪末期以来，草地便逐渐成了全球陆地最大的生态系统（D. J. Gibson, 2009），其生态服务功能无可替代。

更为重要的是，草本植物大范围地出现于大陆地表，不仅成就了古代猿类向人类的这一革命性的转变，而且为此后人类的农耕文明、工业文明乃至今日的现代文明提供了极为广阔的成长和发育平台。

然而，由于人类大规模开发草地的历史较短，且现代科技在陆地草本植物的出现、扩展过程、多样性发育和栖息地环境变化等方面的探索和认识尚处于初期阶段，因此，人类草地资源的科学开发还有很长的路要走。美国草地资源开发的实践恰恰从一个侧面证明了这一点。

参考文献

FAO. 2020. "World Food and Agriculture-Statistical Yearbook 2020." Rome. https：//doi. org/10. 4060/cb1329en.

R. White，S. Murray，M. Rohweder. 2000. Pilot Analysis Of Global Ecosystems. World Resources Institute. Published by World Resources Institute. Washington，DC. http：//www. wri. org/wr2000.

D. J. Gibson. 2009. *Grasses and Grassland Ecology*. New York：Oxford University Press Inc.

FAOSTAT，2023，粮食和农业数据，https：//www. fao. org/faostat/zh/#data。

张雷，杨波，2019，《国家人地关系演进的资源环境基础》，北京：科学出版社。

Bureau of the Census，U. S. Department of Commerce. 1975. *Historical Statistics of the United States，Colonial Times to 1970*. U. S. Government Printing Office，Washington，D. C.

杰里米·阿塔克，彼得·帕塞尔，2000，《新美国经济史：从殖民地时期到1940年》，罗涛等译，北京：中国社会科学出版社。

Bureau of Economic Analysis，U. S. Department of Commerce. 2019. "U. S. Department of Commerce." https：// www. bea. Gov.

Newman J. J.，Schmalbath J. M. 2010. United States History：Preparing for the Adcanced PlacementExamonation. Maple-Vail Book Manufacturing Group.

伍宗华，1983，《美国早期领土扩张刍议》，《四川大学学报》（哲学社会科学版）第2期。

何顺果，2015，《美国历史十五讲》，北京：北京大学出版社。

查尔斯·A. 比尔德，玛丽·R. 比尔德，2018，《美国文明的兴起》，杨军译，北京：北京时代华文书局。

李胜凯，2003，《白宫200年内幕》，山东：山东人民出版社。

杨生茂主编，1991，《美国外交政策史：1775—1989》，北京：人民出版社。

Schurr 和 Netschert，1960，

〔英〕B. R. 米切尔编，2002，《帕尔格雷夫世界历史统计：美洲卷 1750—1993》，贺力丰译，北京：经济科学出版社。

麦迪森，1997，《世界经济二百年回顾》，李德伟、盖建玲译，北京：改革出版社。

United States Department of Agriculture, National Agricultural Statistics Service. 1930, 1860. https：//www. nass. usda. gov/Data_ and_ Statistics/index. php.

何顺果，1992，《美国边疆史——西部开发模式研究》，北京：北京大学出版社。

美国农业部，1963，《1962 年美国农业年鉴》，北京：农业出版社。

周钢，2008，《美国大平原北部放牧业的发展及经验教训》，《史学集刊》第 5 期。

M. George. ed. 1967. *Agricultural Thought in the Twentieth Century*. The Bobbs—Merrill Company Inc. Printed In the UnitedStayes of American.

O. S. Oliver. 1980. *Natural Resource Conservation, Anecological Approach, Macmillan,* Publishing Co., Inc. New York.

C. W. Willard. 1979. *The Development of American Agriculture, A Historical Analysis.* University of Minnesota Press, Minneapolis.

吴天马，1996，《美国土地资源利用和保护的历史回顾》，《中国农史》第 2 期。

高祥峪，2011，《试析富兰克林·罗斯福政府的防护林带工程》，《历史教学》（下半月）第 7 期。

徐国劲，谢永生，骆汉，2019，《生态问题的经济社会根源与治理对策——以美国"黑风暴"事件为例》，《生态学报》第 16 期。

任继周，2012，《放牧，草原生态系统存在的基本方式——兼论放牧的转型》，《自然资源学报》第 8 期。

金攀，2010，《美国保护性耕作发展概况及发展政策》，《农业工程技术（农产品加工业）》第 11 期。

王庆国，2010，《美国的农业环境问题及其治理（1950—2000）》，硕士学位论文，苏州大学。

车凤善，张迪，2004，《美国农地保护政策演变及对我国的借鉴》，《国土资源情报》第 3 期。

冯慧敏，雷廷武，张久文等，2009，《美国水土保持法律法规简介》，《水土保持研究》第 3 期。

农业部赴美国草原保护和草原畜牧业考察团，2015，《美国草原保护与草原畜牧业发展的经验研究》，《世界农业》第 1 期。

唐纳德·沃斯特，2003，《尘暴：1930 年代美国南部大平原》，侯文蕙译，北京：生活·读书·新知三联书店。

USDA, NRCS. Iowa State University. 2009. Summary Report：2007 National Resources Inventory. Washington, DC：USDA.

David J. Gibson. 2009. *Grasses and Grassland Ecology*. New York：Oxford University Press.

第四章　澳大利亚

澳大利亚联邦，简称澳大利亚、澳洲，其总面积为 769.2 万平方公里，居世界第六位。澳大利亚由澳大利亚大陆、塔斯马尼亚岛以及海外领土组成，是世界上唯一一个国土覆盖整个大陆的国家。

第一节　国情概述

一　环境基础

澳大利亚大陆南北距离约 3680 千米，东西距离约 4007 千米，是一个被海洋环抱的国家，东濒太平洋的珊瑚海和塔斯曼海，北、西、南三面临印度洋及其边缘海，海岸线较为平直，长达 3.67 万千米。澳大利亚是世界上各大陆中最低、最平坦的一个（除南极洲外），该大陆的大部分地区海拔相对较低，平均 300 米，海拔低于 500 米的地区面积占比达 87%，海拔 1000 米以上的山地面积不到全国的 1%，最高峰是新南威尔士州的科修斯科山（Mount Kosciuszko，海拔 2228 米）。澳大利亚大陆可分为东部、中部和西部三个不同的地形分布区：西部是海拔 200~500 米的低高原，多分布沙漠和半沙漠，也有一些海拔 1000~1200m 的横断山脉。中部是平原，海拔在 200 米以下，盛长草本植物，其中埃尔湖（Lake Eyre）是最低点，湖面低于海平面 12 米，以此为中心的大平原为大自流盆地。东部是古老山脉所形成的高地，大部分海拔 800~1000 米。东北部沿海的大堡礁是全球最大的珊瑚礁。

澳大利亚拥有广泛的气候带，西部高原和内陆沙漠属热带沙漠气候，干旱少雨，年降水量仅 100~300 毫米；北部属热带草原气候，年降水量 1000~2300 毫米，为全国多雨区，少部分属亚热带；东部新英格兰山地以南属温带阔叶林气候，年降水量 500~1200 毫米。除南极洲外，澳大利亚是世界上最干旱的大陆，超过 80% 的大陆面积年均降雨量低于 600 毫米，超过 50% 的面积年均降雨量低于 300 毫米。

澳大利亚降雨和温度的季节性波动很大，在北部靠近赤道方向，全年气温温暖，年平均气温北部 27℃，南部 14℃。澳大利亚地处南半球，从 12 月到次年 4 月为夏季，降雨多发；从 5 月到 10 月是冬季。澳大利亚往南靠近南极的方向，气温变化在季节变更时更加明显，年降雨量分布较均匀。受厄尔尼诺现象影响，澳大利亚有许多极端天气，包括干旱、洪水、热带气旋、严重风暴、森林大火和偶尔的龙卷风。

二　资源基础

澳大利亚自然资源丰富。按淡水、耕地、草场、林地、矿产和能源（矿物燃料）六大资源环境要素禀赋的综合赋值，澳大利亚水资源和能源资源禀赋先天不足，草地和矿产资源丰富，是世界天然草原面积最大的国家，也是世界矿产品的主要出口国之一（见表 4-1）。

表 4-1　2018 年澳大利亚资源环境及相关要素占世界比重

单位：%

项目	资源环境指标						相关指标	
	淡水	可耕地	草场	森林	矿产	能源	国土面积	人口
澳大利亚	1.1	3.3	12.5	3.1	24	0.9	5.9	0.3

资料来源：国家统计局。

在土地资源方面，澳大利亚草地面积约为 341 万平方公里，占国土总面积的 44.33%，为世界天然草原面积的 12.48%。澳大利亚的森林面积为 125.06 万平方公里，森林覆盖率 16.3%，是全球森林面积第七大的国家。澳大利亚有 1/3 的地区不适于发展农牧业，另外 1/3 的地区只宜发展畜牧业，但其农用地面积仍然相当可观。全国可耕地面积达 46.05 万平方公里，约合 6.91 亿亩，占国土总面积的 5.99%；人均耕地 27.75 亩，粮食自给率 218%，是全球小麦、大麦和油菜籽的主要出口国。

澳大利亚农业部的农业资源经济与科学局（Australian Bureau of Agricultural and Resource Economics and Sciences，ABARES）使用强降雨区（又称为集

约农业区）、麦羊区（小麦种植和绵羊区）和牧区的概念来划分全国的三大农业产业带。其中强降雨区包括澳大利亚东部大陆 3 个州的大部分海岸带和邻近的高地、南澳大利亚东南部和西澳大利亚西南部的小区域，以及整个塔斯马尼亚州，其年降水量超过 600 毫米，适合放牧和种植谷物，细羊毛、优质羊肉、牛肉的生产和乳业都具有产业优势。麦羊区范围从昆士兰州中部向南延伸，经过新南威尔士州坡地至维多利亚北部和南澳州农业区，是半干旱至湿润气候的过渡区，年降水量 400～600 毫米，以旱作农业为主，最重要的作物是小麦、大麦、燕麦、豆类和油籽。该产业带的北方地区主要种植高粱。美利奴羊（Merino）羊毛（中等纤维直径）、羊肉和牛肉也是主要产业。牧区包括西澳州、南澳州大部分地区以及新南威尔士州西部、昆士兰州南部，年降水量少于 400 毫米，植被稀少，气候干燥。该地区农业用地特点是广泛的原生植被，以牧草种植、羊毛和牛肉为主要产业（张修翔，2012；杨东霞等，2021）。

澳大利亚的矿产储量丰富，现如今发现的矿产资源超过 70 余种，其主要矿产品储量和产量在世界上占比都较高。截至 2018 年 12 月，探明的矿产资源储量中，金、铅、铀、锌、钽、锆石、铁居世界第一，铝土矿、褐煤、钴、铜、锂、镍、钨世界排名第二，其余矿产储量如银、锡、铌、钻石、烟煤、锰等也排世界前列（魏凡森等，2021）。2005～2018 年，澳大利亚矿业共投入 7200 亿澳元，占同期澳大利亚总投资的比重超过 40%；直接就业人数从 2005 年的 10.40 万人攀升到 2018 年的 25.58 万人，增加了 1.46 倍。2018 年资源部门增加值占澳大利亚 GDP 的 8.8%，矿产品出口额占澳大利亚商品出口总值的 73%，拥有关键矿产储量和产量优势，占据了全球矿产资源市场主导者地位（余韵、杨建锋，2020）。

澳大利亚自然景观丰富多样，雄伟壮观的高山、广阔的草原、神秘迷人的沙漠、阳光灿烂的海滩、五彩缤纷的珊瑚，还有种类繁多的珍禽异兽等，美不胜收。大堡礁（Great Barrier Reef）、摇篮山-圣克莱尔湖国家公园（Cradle Mountain-Lake St Clair National Park）、戴恩树热带雨林（Daintree Rainforest）、蓝山（Blue Mountains）、袋鼠岛（Kangaroo Island）等自然景区享誉世界。澳大利亚拥有很多十分古老的动植物，其中植物有 1.2 万种，有 75% 是其他国家没有的；特有鸟类 450 种；全球的有袋类动物，除南美洲外，大部分都分布在澳大利亚，被称为"世界活化石博物馆"（百度网，2021）。

第二节　国家成长历史

一　从土著居民到殖民时代

在欧洲移民到达之前，当地的土著人和托雷斯海峡岛民分散居住在澳洲大陆的大部分地区，他们已经在这里繁衍生息了 5 万多年。大多数土著居民都以小群落的形式居住和迁徙，在不同地区，他们有不同的生活方式、宗教和文化传统。土著澳大利亚人适应环境的能力强，富于创造性，掌握着简朴而有效的生存技术。这种传统反映了他们与土地和自然环境之间深远而紧密的联系。

1606 年，西班牙人托雷斯航海经过了澳大利亚与巴布亚新几内亚之间的海峡。荷兰的探险家们绘制了澳洲北部和西部的海岸图，并发现了塔斯马尼亚。第一位英国探险家威廉·丹皮尔于 1688 年在西北海岸登陆。但直到 1770 年，英国航海家库克船长发现澳大利亚东海岸，将其命名为"新南威尔士"，并宣布这片土地属于英国。从这时起澳大利亚这片土地开始属于英国。1788 年，英国人开始往澳大利亚流放囚犯，这些流放囚犯也是澳大利亚早期开发的主力。殖民地的开拓强行撵走了当地的土著居民，中断了传统的土地管理方法，并将新的动植物种类引进到易受毁坏的本地原生生态系统中。19 世纪和 20 世纪早期，受到新的疾病、文化中断和解体的影响，土著居民的人口大幅度减少。至 1803 年，殖民区已拓展到今日的塔斯马尼亚。之后他们在澳大利亚建立了 6 个殖民地，分别是现在的新南威尔士州（New South Wales）、昆士兰州（Queensland）、南澳大利亚州（South Australia）、塔斯马尼亚州（Tasmania）、维多利亚州（Victoria）、西澳大利亚州（West Australia）。这 6 个殖民地之间没有任何归属关系，它们只不过共同归属于英国，都是英国的殖民地（沈永兴等，2014；欧内斯特·斯科特，2019）。

美国的独立战争结束了澳大利亚作为英国囚犯流放地的历史，这里成了英国新的海外移民之地。从 19 世纪 30 年代起，英国政府实行移澳津贴制。1831~1950 年，根据英国政府安排和享受津贴去澳大利亚的自由移民达

20万，这使澳大利亚的人口构成发生了重要变化，即自由移民数量超过流放囚犯数量。在此期间，英国政府废除了土地赐予制，代之以土地出售制，这一制度使澳大利亚的资本主义生产关系逐步确立，也使澳大利亚畜牧业得到迅猛发展，将澳大利亚和英国本土的工业联系在一起，为英国提供羊毛原料和销售市场。19世纪50年代，新南威尔士南部等地发现金矿，大批来自欧洲、美洲的淘金者蜂拥而至。其后，许多重要的金矿被逐渐发现，以及大量矿藏被发现，从而让澳大利亚经济得以迅速发展，并由此掀起了一场经济和社会革命。

澳大利亚人口从1850年的40万人激增至1860年的110万人。在19世纪50年代，来到澳大利亚的移民人数，相当于1800~1830年30年间前往美国人数的两倍；最早的几条铁路、大型银行等被建造起来；黄金和羊毛成为强大的出口产品，远洋汽船在英格兰和澳大利亚之间往来穿梭。到1900年，墨尔本和悉尼已进入全球50座特大城市之列，甚至是除北京和东京之外规模最大的城市。但是与当时美国内陆城市开始大规模崛起于世界陆海交通枢纽外的盛况相比，澳大利亚干旱贫瘠的内陆仍没有一座能够匹配得上城市之名的大型内陆城市。那时的澳大利亚内陆只有4座人口超过3万的城镇，其中3个（巴拉瑞特、本迪戈、卡尔古利）是淘金镇，而第4个（布罗肯希尔）则是依托银矿而建的（沈永兴等，2014；杰弗里·布莱内，2021）。

二　澳大利亚联邦的建立

1901年，通过宣布六州联邦宪法，澳大利亚联邦宣告成立，但它在政治、经济、军事和外交政策上全都依附于英国。在"二战"以前，澳大利亚人的身份认同紧紧围绕着"英国的子民"这一关键词进行建构。这种身份认同最明显的表现是，澳大利亚军队在那些与本国利益并无直接关联的战争中同英军并肩作战。但是经过两次世界大战后，澳大利亚与英国的关系日益淡化，同时淡化的还有澳大利亚作为"身居澳大利亚的忠诚的英国子民"这一自我身份认同，从而导致过去"白澳政策"被削弱，亚洲移民逐渐进入澳大利亚。

正如国外需求使澳大利亚的羊毛和采矿业繁荣兴旺一样，移民带来了大量劳动力和熟练技术，使澳大利亚城市化和工业化得到了飞速发展。到

20 世纪 70 年代，悉尼和墨尔本已拥有近 300 万人口，阿德莱德、布里斯班和珀斯也各拥有近 100 万人口。"二战"后的 50 年间，共有 525 万人从近 200 个国家和地区到澳大利亚定居。澳大利亚的工业化特别是制造业的发展虽因其国内市场狭小而受限，但因其政治环境稳定、自然资源丰富、人口稳步增长和国外大量投资，从而推动了全国现代农业、石油化工、有色金属、汽车、机械制造、航空、造船、军需、服装和其他行业发展，并取得了令世界瞩目的巨大变化（沈永兴等，2014）。

20 世纪 70 年代，澳大利亚经济仍以初级产品生产为主导，农业占国内生产总值的 4%，工业占 29%，矿产品出口和加工品进口使制造业就业和当地购买力下降，在大城市尤其是悉尼的制造业下降趋势更大（王建堂、李小建，1985）。20 世纪末，澳大利亚人口数增至 1397 万人，城市人口占总人口数的 85%；人均 GDP 达到 2.1 万美元，是世界平均水平的 4 倍；三次产业结构从 1970 年的 6∶29∶65 转变为 20 世纪末的 3∶25∶72。

在贸易方面，英国曾是澳大利亚有史以来最大的贸易伙伴，直到 20 世纪 50 年代初期，与英国之间的贸易仍占澳大利亚出口量的 45% 和进口量的 30%。第二次世界大战后，随着逐渐克服种族主义偏见，澳大利亚对日本产生的敌意有所缓解，两国在 1957 年签署了贸易协定。1960 年澳大利亚又解除对日本出口铁矿石的禁令，澳日之间的贸易量从此有了显著增加。1972 年中国与澳大利亚正式建立外交关系，两国经贸和双边经济技术合作得到了快速发展。20 世纪 70 年代以后，随着亚太经济的高速增长及其巨大市场潜能的开发，澳大利亚对外贸易的中心逐渐从欧洲转向亚太地区。到 20 世纪 80 年代，日本一跃成了澳大利亚最大的贸易伙伴，紧随其后的是美国，此时作为澳大利亚的贸易伙伴，英国的地位已经远远落后。1982 年，澳大利亚对日本出口量占澳大利亚出口总量的 28%，对美国出口量占 11%，对英国出口量仅占 4%（贾雷德·戴蒙德，2020）。自 20 世纪 80 年代中期到 20 世纪末，澳大利亚初级产品的出口额占总出口额的比重已经从 74% 下降到了 54%（主要是农产品出口的大幅下降），制成品的出口份额已经翻了一倍有余，达 24%。而进口商品的构成相对稳定（金颖琦，2015）。2000 年，澳大利亚货物进出口总额达到 1354 亿美元，货物和服务出口占其国内生产总值的 19.4%。

三 21 世纪以后

进入 21 世纪，澳大利亚凭借农牧产品和矿产品的巨大输出继续保持着较快的经济增长，"多元文化主义"为澳大利亚带来了更多不同层次的人才，新移民对澳大利亚社会的贡献使其综合国力得到进一步的提升。澳大利亚与中国的经贸合作也从单一贸易往来扩大到两国间多形式、多渠道的经济技术合作。2009 年中国已经在进口、出口两方市场上分别成为澳大利亚的头号贸易伙伴，澳大利亚也成为中国在亚太地区最重要的贸易伙伴之一。2012~2013 年，澳大利亚农业部门的总产值接近 480 亿澳元，与之密切相关的食品和饮料加工行业产值达 910 亿澳元，食品零售业产值达 1360 亿澳元，农产品出口额为 380 亿澳元。当年，农业部门雇用了 27.8 万人，食品、饮料和烟草制造业雇用了 22.5 万人（约占澳大利亚制造业所有就业人数的 1/4）（ABARES，2013）。近几十年来，农业在澳大利亚国民收入和出口中所占的份额有所下降，与许多其他发达国家的情况一致，这在一定程度上是由于服务业和采矿业的实力增强所导致的。通过实施出口导向型经济战略、一系列有效的经济结构调整和改革，澳大利亚经济持续快速增长，实现了发达经济体最长连续增长纪录，是世界上经济增长较快的发达国家之一。自 2017 年以来，澳大利亚的 GDP 一直处于稳步上升的状态，2021 年澳大利亚经济总量达 15427 亿美元，人均 GDP 达 6 万美元，是世界平均水平的 4.9 倍。经济发展以服务业为主、工业为辅的经济结构较为稳定，三次产业结构为 2.3∶25.5∶72.2，货物进出口总额达到 6060 亿美元，较 2000 年增长了 3.5 倍；货物和服务出口占国内生产总值达 22%，较 2000 年增长了 2.6 个百分点。

目前澳大利亚城市化水平已达到 86.4%，人口主要集中在大城市，超过 2/3 的澳洲人居住在几大首府城市，40% 的人口位于悉尼和墨尔本这两个最大的都市（澳华财经在线，2019）。从城市形态上看，澳大利亚的城市多为城市都市区，呈现"城市区—城市边缘区—城市邻近地区"的结构（赵书茂，2013）。这些城市都市区多由几十个地方政府行政单元组成，如悉尼大都市区有 30 余个地方政府行政区，墨尔本大都市区包含了 50 多个地方政府区域。为了提高其作为目的地的吸引力，各大城市维持适当水平基础设施的任务变得越来越具有挑战性。比如从 1991 年开始，大规模的移民和本地人口迁移到悉尼城居住，使得悉尼城人口从 1991 年的 4 万人增加到 2004 年的 14.5 万人（石忆邵、范华，2009）。21 世纪以来悉尼市人口继续保持高速增长，2021 年人口已经超过 300 万人，"大城市病"问题凸显。2016 年悉尼市最新一次战略规划修编，规划预测悉尼人口将在 20 年增加 210 万人，2036 年悉尼大都市区人口将达到 600 万，新增岗位约 81.7 万个，这将成为规划的一大挑战（Greater Sydney Commission，2016）。

第三节　土地资源开发

一　初始阶段（1900 年及以前）

当最早的澳大利亚土著居民来到这块大陆时，海平面比今天低约 120 米。在那个时代沿海和内陆河流地区，水产是至关重要的食物。随着气候变化，更温暖的气候改变了内陆地区，海面缓慢上涨淹没了数百代土著居民曾经日出狩猎、日落而息的那片土地。但是由于与外界隔离的环境，精耕细作、畜群牧羊的新经济方式并没有扩展到澳大利亚广大的内陆地区。土著居民由于对商业和农业的无知，以及对经济动机的忽视，使得他们只是满足于游牧生活，仅仅触及了这个大陆的表层（杰弗里·布莱内，2021）。

在 19 世纪上半叶，澳大利亚仍是一片空旷贫瘠的大陆，随着英属殖民地在东海岸零散地建设安置地，殖民者利用大批罪犯输入，适应和改变了这里的恶劣环境，加快了土地开发，生产出需要的各种必需品和奢侈品以满足宗主国需求。一开始，英国政治家并没有制定特别的土地制度，殖民地政府将一大片土地和一群罪犯作为奖励授予当地官员并不是一件值得十分关注的事件。这种无偿分配土地的制度一直延续到 1831 年。在此之前已有 396 万英亩土地被无偿分配给了殖民者。后来，殖民办公室下令用土地拍卖的方式取代无偿分配制度。1838 年，殖民者以每英亩土地 1 英镑的价格卖出了 4 万英亩土地，吸引了 2000 名移民来到澳大利亚。1841 年则卖出了 30 万英亩土地。这种土地出售行为不仅利润可观，而且在推动了农牧业发展的同时，也加快了城市基础设施建设。1842 年，《皇家土地销售法案》正式生效，这项法案规定土地必须以不低于每英亩 1 英镑的价格交易，该制度一直延续到各殖民地进入政府自治状态（欧内斯特·斯科特，2019）。

殖民者通过辛勤耕耘，加上资金、科技投入，彻底征服了澳大利亚。一些看起来无法耕作、毫无收益的土地，经过人们悉心开发后，可以获得可观的收益。例如，澳大利亚稻谷种植户针对当地干旱地区降水量少的特点，发明了"旱作耕地法"，使原来无法种植小麦的土地产出了大量农作物。为解决没有足够的劳动力收割粮食的问题，1842年约翰·里德发明了第一台收割机。威廉·法雷尔通过杂交实验培育出杂交小麦，不仅提高了世界粮食产量，也为澳大利亚农民增加了上万英镑的收益。为发展羊毛产业，约翰·麦克阿瑟通过配种实验显著提高了当地羊毛的重量和质量。1803年，约翰·麦克阿瑟的名字在英国羊毛制造商中已经人尽皆知，他拥有4000只羊，大多数羊都是美利奴公羊的后代。约翰·麦克阿瑟的成功带动了澳大利亚羊毛、羊肉销售产业发展（欧内斯特·斯科特，2019）。1835~1975年，除极少数年份外，羊毛都是澳大利亚最主要的出口货种（杰弗里·布莱内，2021）。在羊群不断向内陆移动的过程中，大面积乡村地带也被数量倍增的牛和羊所占据。

19世纪50年代以来兴起的淘金热，加快了澳大利亚内陆土地开发利用和资源分配的进程，改变了澳大利亚经济的发展趋势，让一直被喻为"骑在羊背上的国家"和"手持麦穗的国家"的澳大利亚多了一个"坐在矿车上的国家"之美誉。虽然19世纪的澳大利亚仍然是一个以农牧业为主的国家，但是采矿业的发展使得这个国家展示出由农牧业社会向工商业社会过渡的前景。钢铁、煤炭、金属冶炼、机器制造、交通运输五大工业部门初步建成，工业生产力得到进一步发展、城市化水平得到进一步提升。同时，随着蒸汽时代到来，1860~1900年澳大利亚铁路通车里程增加了8倍，为澳大利亚走上工业化和城市化道路提供了基础设施保障。在这一时期，与澳大利亚矿业保持最紧密联系的经济体仍是其宗主国——英国。由于有英国提供的资金、设备、技术，澳大利亚在这一时期有组织地开展了一些重大的地质调查和矿产开发活动，发现了一批如塔斯马尼亚Bisshoff锡矿（1871年）、新南威尔士Broken Hill银铅锌矿（1883年）、西澳Coolgardie金矿（1892年）、Golden Mile金矿（1893年）等著名矿床。这些矿产地被发现后，英国资本家迅速投资，从而大大加快了澳大利亚各州采掘与冶金加工业的发展进程，黄金、铜等各种矿产品出口一步一步地超过羊毛和谷类成为澳大利亚的主要出口产品（吴初国等，2020）。据统计，1894~1902年澳大利亚人口规模增长了约2.5倍，国民收入增长了5倍，铁路收入增长了11倍，海运吞吐量增长了2.5倍，进口额增长了4.5倍，出口额增长了7倍，黄金产量更是增长了9倍，表明了殖民开拓后取得的经济和社会发展成就（陆广瑞，2022）。

澳大利亚适宜人类生产和居住的地方并不多，而且相对分散。19世纪20年代，澳大利亚的港口城市还寥寥无几。此后几十年，澳大利亚最大的5座城市中，布里斯班、珀斯、墨尔本、悉尼4个城市就建在辽阔的海岸地带，这些城市都是殖民初期外来移民落脚的定居点。最后一个城市阿德莱德，也是一座自由移民定居的城市，作为南澳大利亚首府和港口，该地的小麦产量高于其他殖民地。1842年，就在距阿德莱德不远的地方，发现了丰富的铜矿，它是澳大利亚第一批被开采的富金属矿之一，也令这里成为取代英国康沃尔郡的铜矿重镇。但是，1850年，澳大利亚殖民者聚集在与英国气候接近、地理条件优越的澳大利亚东南角，近半数生活在现今的新南威尔士界内，而另外一半生活在维多利亚、塔斯马尼亚和南澳大利亚。与之相对照，占据了整个大陆1/3面积的西澳大利亚空间扩展却停滞不前（杰弗里·布莱内，2021）。西澳大利亚的首府珀斯距离阿德莱德1300英里，人口只有20万左右，孤立的地理位置不仅阻碍了西澳大利亚的发展，也使得其在政治上对澳大利亚联邦缺乏认同感（贾雷德·戴蒙德，2008）。直到1893年发现了Golden Mile金矿，让卡尔古利迅速成为西澳的金矿重镇和全澳最大的金矿之城，淘金热让人们纷至沓来，西澳大利亚黄金出口有了迅猛增长，采矿业迅速上升为与农牧业并驾齐驱的支柱产业，为澳洲的经济做出了重要贡献。

二　成长开发阶段（1901~2000年）

澳大利亚工业化路径建立在农耕文明基础上，不断汲取欧洲两次工业革命的成果来提高现代农业水平。进入20世纪以后，英国在世界工业生产中的垄断地位逐渐丧失，1901年澳大利亚联邦成立，澳大利亚民族国家的独立性不断加强，在经济上逐渐地摆脱了作为英国经济的"海外延伸"而走上了经济本土化的发展道路，资源开发进入一个新的历史时期。但是因为地理结构原因，澳大利亚的6个殖民地之间很少联动。直到1917年，第一条横贯大陆的铁路开通，连通了悉尼和珀斯，才真正实现了国家整体的认同感。尤其是在蒸汽机车时代，为了维持蒸汽机车的煤炭补给，跨澳大利亚铁路对沿线的经济社会影响无疑是巨大的。铁路沿线兴起了一系列小城镇，使此前的无人区开始有了定居人口，促进了澳大利亚内陆地区的发展。铁路的开通一方面促进了旅客运输，例如1902年至少有4.7万人往返于西澳大利亚和东部各州之间，显著促进了各州旅游和商业往来；另一方面大大节约了运输成本，使南澳大利亚的水果、蔬菜等能够从东部源源不断输入西澳大利亚金矿区，从而刺激了金矿区企业和牧场的发展（陆广瑞，2022）。此后，澳大利亚在铁路建设、机动车发展上迎来了高潮，珀斯与澳大利亚其他重要城市之间的铁路也修建了起来，加快了澳大利亚西部大开发进程。这也为澳大利亚于20世纪后半期进入前所未有的快速发展阶段，步入发达的矿业大国行列奠定了基础。

20世纪30年代早期，为了消除各州间运输的障碍，澳大利亚推行了铁路轨距的标准化。同时由于地广人稀、聚集区相距遥远，对公路运输发展的需求增大，加快了地区间的物流交换进程。当时澳大利亚已拥有50多万辆汽车、卡车和公交车，成为全世界机动化程度最高的国家之一（杰弗里·布莱内，2021）。"二战"以后，澳大利亚加快了本国工业化步伐，以期建立一个福利国家。自由党领袖孟席斯与乡村党联合执政后，利用从国际开发银行得到的1亿美元贷款，实施农田灌溉、土地开垦、增加动力等规划（沈永兴等，2014）。1956年，联邦会议提出一项报告，拟在大陆干线上进行一系列铁路改造工程。1970年，第一列横贯大陆、连接东西海岸的直达货运列车在悉尼与珀斯的干线上正式开行。1980年，除塔斯马尼亚州外，铁路标轨线路网可以把大陆各州首府连接起来，拥有铁路里程3.9公里，铁路总长度仅次于美国、加拿大、印度、苏联、中国等国（王景新，1988）。

澳大利亚地广人稀、物产丰富等特点，为大宗货物采用海运和铁路运输提供了有利条件。1990年，澳大利亚海运装货量2.9亿吨，较1980年增长了53%，装货量仅次于美国；卸货量3120万吨，较1980年增长了19%。澳大利亚的大宗货运物资主要有煤、粮食、矿石、矿产品、水泥、钢材和集装箱联运货物等，煤的运量约占铁路货运总量的65%。1985年，澳大利亚铁路货物周转量达450亿吨公里，较1970年增加了196亿吨公里。1997~1998年，除澳大利亚西部地区私营矿石运输线上年运量达1.5亿吨和昆士兰州私营甘蔗运输铁路年运量达 3700 万吨外，在联邦政府和州政府铁路网上运输的煤炭年运量达 1.8 亿吨、粮食年运量 17500 万吨、矿石年运量 560 万吨、钢材年运量 230 万吨、水泥年运量 100 万吨，此外还有集装箱联运年运量 925 万吨（鲍祖贤，2000）。这一变化充分证明，铁路建设的持续大规模投入为澳大利亚土地资源开发和市场化提供了良好的发育环境，土地资源进入以煤炭和铁矿石为主导的矿物燃料和金属矿产大规模的开发利用新阶段，澳大利亚进入国家工业化全面发育时期。

一是在煤炭生产方面。20 世纪 20 年代中期，澳大利亚煤炭产量已经达到 1300 万吨，每年出口约 100 万吨。20 世纪 60 年代起，在廉价石油的打击下，一些国家的煤炭生产逐年下降或徘徊不前，而澳大利亚的煤炭产量却自 20 世纪 50 年代末至 60 年代末增长了 123%，之后的 10 年又增长了 79%（谈鸣时，1982）。20 世纪 80 年代，先进的煤层气抽采利用技术、索斗铲和长臂采矿技术等新技术加强了采煤作业的安全性，让澳大利亚煤矿生产效率、国际竞争力大大提高。1988 年煤炭出口量达到创纪录的 8800 万吨，成为世界第一大煤炭出口国，并保持至今（何金祥，2007）。1995 年澳大利亚已探明硬煤储量 909 亿吨，生产煤炭 2.4 亿吨，出口量 1.4 亿吨，遍布世界 48 个国家和地区（谢玉清，1996；崔翔远，1997）（见图 4-1）。澳大利亚煤炭工业快速发展得益于煤层赋存较浅、距离港口较近和政府的扶持政策。澳大利亚煤炭生产主要集中在新南威尔士州和昆士兰州，占澳大利亚煤炭总储量的 75%。为配合矿区开发，澳大利亚大力兴建煤运港口和由矿区通向港口的运煤铁路，实行铁路全面民营来降低运输成本，以及强化出口煤矿的所有权和管理。

二是在金属矿产方面。铁矿石业是澳大利亚矿产业中第二大产业，位于煤炭业之后。1947 年，澳大利亚有 Hamersley、Robe River 和 BHP 三大铁矿石公司，还有 Kembla、Newcastle 和 Whyalla 三大钢铁中心，标志着澳大利亚已建立了一个完整的钢铁工业体系，这被认为是澳大利亚经济本土化、工业化进程中的一个重要里程碑，澳大利亚从此进入工业化的"煤铁时代"。1952 年 Pilbara 铁矿的发现，让澳大利亚成为居苏联之后的世界第二大铁矿石生产国，而"二战"前澳大利亚还是铁矿石进口国。进入 80 年代，面对来自包括日本和韩国等新兴钢铁产品出口国的竞争，澳大利亚钢铁行业开始转型。由于澳大利亚人口稀少、淡水匮乏，钢铁工业并不发达，

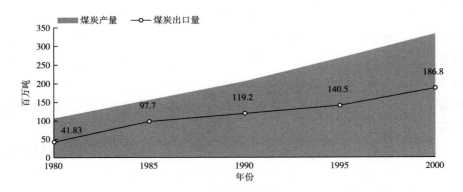

图 4-1　1980~2000 年澳大利亚煤炭产量和出口量变化

资料来源：国家统计局，2001。

国内对于铁矿石需求一直有限，大量的铁矿石以供应国际市场为主，保持着世界上最大铁矿石出口国的地位。1980~1990 年，澳大利亚铁矿石产量从 0.96 亿吨增至 1.10 亿吨。2000 年澳大利亚铁矿石产量增至 2 亿吨，占世界铁矿石产量的 17.2%（张兴传，1996；何金祥，2010）。铁矿石对澳大利亚的经济和贸易发展至关重要，铁矿石一直都是澳大利亚出口额最大的品种，出口额占澳大利亚总出口额的比例长期以来保持在 15%~20%，最高时接近 30%。澳大利亚统计局数据显示，2019 年，澳大利亚铁矿石出口额为 962.08 亿澳元，占出口增量的 60%。铁矿石也是西澳大利亚的经济命脉，铁矿石收入占该州生产总值的 20%。2019 年，铁矿石出口额占西澳大利亚整个商品出口总额的 53%，占全部矿产品出口额的 76%。

三是在机械制造方面。澳大利亚铁路和机动化带动了机械制造业发展。此后，对航空运输、公路运输要求高，形成了发达的航空及公路网。澳大利亚工业生产指数中机械设备从 1993 年的 92 增至 1998 年的 110。1998 年澳大利亚铁路相关制造业机构 32 家，雇用员工 5199 人，实现产值 8.75 亿澳元，增加值 2.98 亿澳元；机动车相关制造业机构 904 家，雇用员工 26783 人，实现产值 41.17 亿澳元，增加值 15.02 亿澳元。1995 年，澳大利亚汽车产量达 33 万辆，乘用车产量 29.4 万辆，乘用车普及率从 1980 年 401.5 辆/千人增至 1995 年的 484.9 辆/千人；公路货物运输量从 1990 年的 914 亿吨公里增至 1995 年的 1280 亿吨公里。

澳大利亚资源开发从生物质的生产向非生物质的能源矿产生产的成功转型，有力推动了交通运输体系和制造业的发展，特别是在"二战"以来，这种产业结构的转型，大幅提升了澳大利亚的工业化水平，加速了该国产业结构的演进和现代产业体系的形成。1945~1964 年，澳大利亚制造业以 6.2% 的年均增长率递增，制造业占国民经济的比重一度达到 29%。进入 20 世纪 70 年代后，澳大利亚已经发展成为一个地地道道的工业国家，矿产行业生产几乎覆盖了大宗矿产品的全部领域，成为世界上屈指可数的煤、铁矿石、铝土矿和氧化铝、精炼铜、锌、镍、铀、黄金等多种矿产品的生产大国和出口大国。与此同时，与澳大利亚矿业保持最紧密联系的经济体已从英国变成了美国、日本等发达的工业化国家（吴初国等，2020）。80 年代，澳大利亚虽然受到了经济危机的冲击，其制造业的经营单位和雇用人数有所下降，但营业额和增值量却有增无减。1980 年澳大利亚制造业拥有营业单位 2.74 万家，雇用人员 1154 万人，增值 256.11 亿澳元。同时制造业内部结构也发生了显著变化，传统工业发展缓慢，重工业、汽车制造和科技含量高的新兴产业快速发展，带动了生产性服务业的快速发展。

三　全要素开发阶段（2001 年及以后）

进入 21 世纪，在亚洲新兴经济体工业化、城市化、现代化对资源类产品巨大需求的带动下，澳大利亚产业结构发生了深刻的变化，迎来了"能源繁荣"和城市经济扩张新阶段。在全球化背景下，农业、采矿业成为澳大利亚经济发展的引擎。作为出口导向型行业，虽告别了爆发式增长阶段，但在澳大利亚对外贸易中上述产业依然发挥着至关重要的作用，是国民经济重要的支柱行业。根据澳大利亚统计局统计，2016~2017 财年，澳大利亚农业对 GDP 贡献最大，占到 0.5%，增速领先其他 19 个行业，农业产值同比劲增 23%；农业出口额达 500 亿澳元以上，占商品和服务出口总额的近 14%，对比 5 年前的 410 亿澳元，涨幅达 22%。2021~2022 年，澳大利亚采矿业收入增长了 32.7%，在所有关键数据项上都实现了增长。以土地资源开发为载体，与现代农业、矿业需求互补，从而促进制造业、现代服务业快速发展，成为推动全国经济增长和增加就业的主要力量。在新一代信息技术支撑下，澳大利亚在矿山远程遥控、装备自动化、光纤传感技术的集成应用方面一直保持领先地位。特别是服务业一直是澳大利亚经济的稳定器，科技服务、公共服务等行业成为推动经济增长和增加就业的主要力量（见表4-2）。

表 4-2　2021～2022 年澳大利亚各行业的就业和增加值构成

行业类型	雇用人员（万人）			行业增加值（亿美元）		
	2021 年	2022 年	变化幅度（%）	2020 年	2021 年	变化幅度（%）
农林渔业	44	43	-2.5	316	396	25.5
采矿业	19	20	5.8	2187	2832	29.5
制造业	84	87	3.6	1078	1242	15.2
电力、天然气、水和废物处理	12	13	6.5	494	486	-1.6
建筑业	119	123	2.9	1296	1413	9.1
批发贸易业	56	58	4.1	718	861	19.9
零售贸易业	139	142	2.3	908	1021	12.4
住宿和餐饮服务业	106	106	0.5	401	457	13.9
运输、邮政和仓储业	63	65	2.8	722	830	15.0
信息和电信业	17	18	6.4	383	436	13.9
租赁和房地产业	41	43	4.1	866	1000	15.4
科技服务业	120	129	7.5	1435	1641	14.3
行政管理业	95	100	4.8	677	789	16.4
公共服务业	9	10	6.7	68	75	10.9
教育和培训业	45	47	3.6	333	363	9.0
医疗保健和社会援助	145	154	5.8	1103	1241	12.5
艺术和康乐服务	22	25	11.4	120	150	-25.0
其他服务	53	55	2.8	331	387	17.1

资料来源：Australian Bureau of Statistics。

城市是社会财富集聚的中心。澳大利亚是一个高度城市化的国家，2018年以来86%以上的人口居住在城市（见图4-2），城市人口中的大部分集中在州首府城市，每个州首府城市人口大多占到全州总人口的55%～75%。澳大利亚人口密度为3人每平方公里左右，是世界上人口密度最低的国家之一。人口的低密度造就了城市人口的低密度。例如，澳大利亚最大的城市悉尼市面积相当于两个上海市，而其人口仅有上海市人口的21.3%。从城市形态上看，澳大利亚的城市多为都市区，呈现"城市区—城市边缘区—城市邻近地区"的结构（赵书茂，2013）。2020 年，澳大利亚非农业用地占用比重已上升至 42.05%，相较于 2000 年增加了 13.62 个百分点，这一变化意味着，澳大利亚土地资源全要素开发时代的到来。

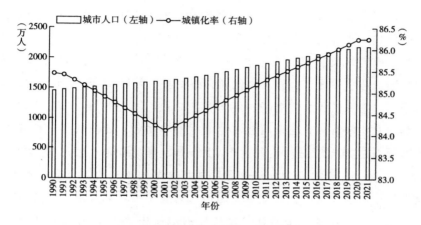

图 4-2 1900～2021 年澳大利亚人口城镇化发育过程

资料来源：联合国粮农组织统计数据库。

进入 21 世纪后，农业部门已经转向更密集的农业，拥有更大规模的农场，现在更紧密地融入了全球农业食品链。高效和具有成本效益的运输基础设施对澳大利亚农业部门的竞争力至关重要。同时，与所有现代企业一样，农民必须拥有可靠、快速的通信技术，才能进入市场和获取对其企业发展至关重要的信息。澳大利亚政府致力于鼓励和促进公共和私人投资于澳大利亚各地的运输和通信基础设施，并升级和发展战略基础设施。如改善公共和私营货运线路与港口基础设施之间的联系；调研可能提高州际货运生产力的全天候农村公路，包括封闭第三条穿过澳大利亚中部的东西大陆公路；提供确保农民和地区社区能够获得可靠和负担得起的通信系统等（Commonwealth of Australia，2014）。由于澳大利亚聚集区相距遥远，对航空运输、公路运输要求较高，从而形成了以南北向、东西向铁路中轴为骨架，以环澳大利亚公路和南北向横穿大陆公路为支撑，联系海运、航空、管道运输的综合运输网络。在所有澳大利亚的运输方式中公路运输能力最强，承担了全国大部分货物运输，澳大利亚公路网络全长 85 万公里，其中高速公路达 4.9 万公里，州主干道、次干道合计 10.7 万公里以上。澳大利亚拥有全球最长的环绕澳大利亚大陆的环形公路，20 世纪 80 年代，完成贯通大陆南北的公路（阿德莱德港—达尔文港）的建设，促进了北方地区的经济发展和资源开发（于立新、孙晓东，2015）。高速公路和州主干道、次干道连接各州首府及大城市和人口密集的村镇，推动城市发展由低密度、郊区化、蔓延式向集合式、多核心转变。

悉尼作为澳大利亚最大、最古老、最繁华的城市，同时也是澳大利亚重要的制造业、商业、金融、文化和旅游中心。随着 2000 年悉尼奥运会的圆满成功，悉尼已成为知名的国际大都市之一。从悉尼城 1997～2008 年的土地利用变化来看，其建设用地占地面积基本稳定，建筑总量却快速增长，2008 年悉尼建筑面积总量达到近 1800 公顷，建设用地占比为 19.23%，增幅为 12.3%，这表明 21 世纪以来悉尼并非通过外延式的扩张模式来满足新增建设用地需求，其中，城市居住用地、商业用地增幅显著。自 2004 年合并南悉尼后，2008 年悉尼新建住宅用地占地面积较 2004 年增加了 1.84 万平方米。在此期间，悉尼商业用地面积年均增加 18.5 万平方米。第三产业的发展壮大，不仅导致配套的产业和居住用地增加，也大大提高了城市中心建设用地的利用率（石忆邵、范华，2009）。值得注意的是，为了应对悉尼在人口和用地持续增长过程中面临着诸如经济发展、就业岗位、住房可支付性、生态安全等空间不均衡现象，悉尼在 2014 年提出了应对城市扩张的战略规划，并在 2016 年底进行了修订，提出了面向 2056 年的悉尼大都市战略规划。规划希望诉诸多中心的手段来优化空间结构和提升绩效，并提出提供多元化的住房选择、提高住房可支付性、打造宜居社区，以及修补性措施与前瞻性预控相结合的韧性城市管控策略，实现建成环境与自然环境的协调（朱金、何宝杰，2017）。

第四节　草地资源开发

一　草地开发历史

澳大利亚是世界上人均拥有天然草地面积最大的国家，目前草地面积

340万平方公里，占全国土地面积的50%，牧场面积占世界牧场总面积的12.4%，主要以家庭经营的农场为主。超过80%的牧场为原生植被主导，剩余20%或是降水条件良好，或是有灌溉条件保障的人工集约化养殖牧场。与大多数国家相似，澳大利亚的草地利用也同样经历了草原自然利用—过度放牧、草场退化沙化—草原科学管理和集约放牧的过程。澳大利亚的大部分草地在20世纪初就已满负荷或过度放牧。但近数十年来经多方努力，过度放牧已逐渐得到控制和改善，政府对天然草地的保护利用非常重视，同时，加强人工、半人工草地建设，保持了畜牧业的稳定健康发展。

人工草地和改良草地所占草原面积的比重，是衡量一个国家畜牧业发达程度的重要指标之一，澳大利亚对此尤为重视。在澳大利亚，在依靠天然草场的基础上，高密度放牧地区大力建设人工草地，其人工草地占全国草原总面积的58%，处于全世界领先地位。目前，澳大利亚拥有大约305.19万平方公里的天然草地和35.57万平方公里的人工草地（见表4-3）。人工草地的主要牧草品种有紫花苜蓿、豌豆、三叶草、黑麦草等。其中，紫花苜蓿、豌豆、猫尾草主要用于调制青干草和饲料，每公顷产量在1.5吨以上；三叶草和细叶冰草以混播为主，例以70%的黑麦草和30%的三叶草进行混播，具有良好的牧场再生能力，可以保障全年的牧草供应，有效地保证牲畜在冬季的补饲需求（Ayres J. F. 等，1992；张立中、辛国昌，2008；闫旭文等，2012）。

受自然条件影响，澳大利亚北部主要位于热带和亚热带，夏季炎热多雨，冬季漫长干旱。草场以自然草场为主，单个农场面积大，从数千公顷到数万公顷不等，部分联合经营的企业面积更大。与这种自然条件相适应的是其传统的放养模式，每年仅两次集中牛群，其他时间基本无人为干预。这种饲养模式最大的优点是节约成本。南部主要分布在气候温和的温带地区，农场规模大多是几百公顷到几千公顷的小型农场，牧草经过人工改良，营养价值更高，单位面积牛群养殖密度大，实行集约化管理。同时因为成本高，农场除了从事畜牧业，还从事农作物种植，以提高资源利用率。由于实行草粮轮作，加上大量使用化肥和微量元素，土地相当肥沃，牧草长势良好，牧场载畜量比牧区高得多（王建堂、李小建，1985）。

表 4-3 澳大利亚农场土地使用情况（截至 2017 年 6 月 30 日）

项目	2016~2017 年度	同比变化（%）
农业企业和农业面积		
农业企业（万个）	8.81	2.8
农业用地面积（万平方公里）	393.80	6.1
国土陆地总面积（万平方公里）	769.20	
农业生产用地（万平方公里）		
其中：农业生产用地	372.72	8.5
（1）耕地	31.96	2.3
（2）草地	340.76	9.1
——人工草地	35.57	-4.5
——天然草地	305.19	11.0

资料来源：Australian Bureau of Statistics。

二　畜牧业发展

畜牧业是澳大利亚国民经济的重要组成部分，农畜产品大部分出口国际市场，其中羊毛、肉类、小麦和奶制品在世界农畜产品贸易中占有非常重要的地位。

澳大利亚之所以能够成为世界上重要的畜牧业国家，除了人文因素，独特的地理环境也起着极其重要的作用。澳大利亚畜牧业是以天然草地资源获取饲草料的放牧型畜牧业。由于牧草产量高、草质好，在不补饲的放牧条件下，奶牛年产鲜奶 5 吨以上，肉牛 18 月龄体重可达 350 千克以上，大大降低了饲养成本，提高了牧场的经济效益（张立中、辛国昌，2008）。澳大利亚畜牧业的分布大致同降水量分布一致。从降水量多的东部到降水量少的西部，畜牧业经营方式由集约走向粗放，牧场规模由小变大，载畜量由多到少。由于各州自然条件和经济因素相差悬殊，畜牧业地位、构成和经营水平等也有很大差别（王建堂、李小建，1985）。

据不完全统计，目前澳大利亚有各类农场 12.65 万个，目前年总产值在 2 万澳元以上的大农场占 94%，64% 的大农场从事谷物种植业、养羊业、养牛业或兼营其中两种或三种。94% 以上的农场是家庭农场，其余为公有或私营公司所有，农场兼营或兼业的趋势明显，而且兼营农场的收益也高于专营农场（搜狐网，2023）。2020年，澳大利亚畜产品总产量479.7万吨，占世界的1.4%。2021~2022年，澳大利亚畜牧业总价值增长了12%，达到250亿美元，主要由于牧场主利用季节性生态条件的改善提供了重建库存的机会，肉类生产商的供应紧张，价格上涨。

羊养殖业是澳大利亚农业经济的主要支柱和大宗出口创汇行业。澳大利亚国内饲养的肉羊品种很多，饲养量最大的是澳洲美利奴羊，羊群规模占全国饲养总量的75%。澳大利亚传统上以饲养绵羊为主，主要产品是羊毛，山羊饲养数量极少。在经历了长期的结构调整之后，由以饲养毛用羊为主向以饲养肉用羊为主转变。自20世纪初开始，澳洲养羊业的主体从以羊毛生产为主的小型企业，转变为以羊肉生产为主、羊毛生产为辅的大型企业（游锡火，2019）。21世纪以来，由于国际羊毛市场和羊肉市场的变化，澳大利亚羊群的组成结构和比例也发生着相应变化，以生产羊毛为主的阉羊存栏量大幅下降，以生产羊肉为主的羔羊存栏量不断增加。目前澳大利亚全国羊存栏量保持平稳。2021年绵羊和羔羊存栏数约为7024万头（见表4-4），人均占有羊只数为9~10只，是世界上人均占有羊只最多的国家。2021~2022年，澳大利亚羊养殖业产值达49亿美元，增长了14%。羊肉出口仅次于新西兰，居世界第2，活羊出口名列世界前茅。此外，澳大利亚的羊毛年产量在10亿公斤以上，羊毛年产量占世界羊毛总产量的1/3。

澳大利亚牛养殖业十分发达，主要的牛品种包括安格斯牛、荷斯坦牛、布朗格斯牛，均具有高成长性且肉质优良。澳大利亚牛的品种因其特殊的耐受性、气质和产量而受到世界各国的关注。截至2022年6月30日，全国牛肉存栏量增加了1%，达到2230万头。2021~2022年，澳大利亚牛养殖业产品价值达153.2亿美元，同比增长了13.7%（见表4-5）。澳大利亚人均牛肉消费量在2022年增加到每人每年平均23.8公斤，国内市场消费量占年产量的35%。在过去的30年，牛肉产量除个别年份超过了240万吨外，基本上稳定在200万~230万吨。尽管其肉牛养殖绝对产量不高，占全球产量的3%，但是由于人口基数少，牛肉出口量占世界牛肉贸易的4%，是仅次于巴西的世界第二大牛肉出口国。达尔文港仍是澳洲最大的活牛出口港，2022年经达尔文港出口的活牛量达到50.7万头，同比下跌26%。作为世界上重要的农产品生产国和出口国，澳大利亚羊养殖业高度依赖于国际市场，高企的油价使得运费成本高昂，这也是造成活牛出口低迷的重要原因。此外，澳大利亚有1.1万个奶牛农场，130 个奶业加工厂，奶牛日产奶总量约 6 亿升，奶类总产量 2187.1 万吨，占世界的 2.5%（杨秀春，2014）。澳大利亚目前是世界上第四大乳制品出口国，位于新西兰、欧盟和美国之后。

表 4-4　2016~2021 年澳大利亚畜牧业产量

单位：万头

年度	肉牛	乳牛	绵羊和羔羊
2016~2017	2357	261	7213
2017~2018	2377	263	7061
2018~2019	2238	234	6576
2019~2020	2114	236	6353
2020~2021	2205	238	6805
2021~2022	2225	215	7024

资料来源：Australian Bureau of Statistics。

表 4-5　2016~2022 年澳大利亚畜牧业产品的价值

单位：亿美元

年度	牛和小牛	绵羊和羔羊	家禽	猪肉	畜产品（含羊毛、牛奶和鸡蛋）
2016~2017	121.4	35.6	27.3	13.4	79.7
2017~2018	120.2	39.7	26.8	11.5	95.8
2018~2019	128.3	41.8	27.7	12.2	96.0
2019~2020	145.7	48.4	28.3	15.2	84.6
2020~2021	134.7	43.3	29.3	15.6	84.6
2021~2022	153.2	49.3	31.8	15.7	90.7

资料来源：Australian Bureau of Statistics。

　　澳大利亚的畜牧业也经历了最初的粗放式发展阶段。18 世纪后期，欧洲殖民者引进优质牧草，以提高畜牧业生产效益。截至目前，澳大利亚畜牧业经过 200 多年的发展，已经实现了畜牧业的现代化、系统化和可持续发展。

　　澳大利亚畜牧业成功的关键之一在于非常重视牲畜品质的选育和推广。澳大利亚建设有完善的品种遗传改良体系，既有国家级的育种中心，也有各科研单位的育种中心和养殖企业的育种中心。正是得益于良好的育种体系建设，澳大利亚才能培育出优秀的澳洲美利奴羊（游锡火，2019）。同时，澳大利亚也十分重视优良品种的推广与应用，真正实现了将科技成果转化为现实生产力。比如各家庭牧场种公畜全部从专业育种场购买，种畜群必须经育种协会注册，如果在种畜群中发现一头家畜含有不纯血液，马上关闭该牧场（张立中、辛国昌，2008）。通过不断优化家畜个体品质，提高牲畜的个体产量和群体质量，是集约化草原畜牧业生产流程中一个极为重要的环节，是扩大再生产的主要措施。

第二个成功的关键在于产业链长。畜产品不仅商品率很高，出口比重很大，而且产业链向工业和旅游业延伸。澳大利亚农业附加值链条包括原料、加工、包装、后勤管理、批发、零售、消费7个环节，并且澳大利亚农业公司在所有7个环节中拥有提供产品和服务所需的知识与技术。以肉类工业为例，澳大利亚不仅提供产品，还提供海外客户所需的育种、屠宰厂设计、建造、肉类包装及培训技术。此外，在澳大利亚加工食品、纤维产品和其他农业产品（如皮革）都构成所谓的"农业"，纳入政府统计和管理中。有的家庭牧场不仅养牛，还因地制宜地发展特色乳制品加工，生产巴氏杀菌乳、奶酪、黄油等乳制品。很多农庄已从传统单一的牲畜驯养繁殖产业，发展成了集旅游观光、休闲娱乐等于一体的新型牧场经营模式，增加了其畜牧产品的附加值。

第三个成功的关键在于政府的长期支持，特别是近年来澳大利亚实施了一系列措施扶持养殖业发展。澳大利亚政府建立肉羊养殖专项基金，帮助养殖户扩大生产规模（游锡火，2019）。政府出资为养殖户建设房屋、围栏、供水等基础设施，签订长期低价租赁合同，最大限度地为养殖户提供便利条件。由于澳大利亚畜牧业从起步时一直存在务农人员严重缺乏的问题，因此一直坚持以机械代替人力的方式。国家规定，所有用于农牧业生产的先进技术及其设备一概免税，因此极大地促进了新工艺、新技术和新设备在畜牧业生产中的推广速度与使用效率。目前畜牧业各个环节的生产作业均可借助机械的力量来完成，每个家庭牧场都拥有耕作、锄草、运输、播种、喷药、贮藏以及收获等专用农业机械，部分牧场还有饲料加工、剪毛、牧草收割、切碎、打捆等畜牧机械。尤其是大型的家庭牧场，通常都拥有比较完善的剪毛机械，现代化程度相当高（杨秀春，2014；石华灵，2017）。此外，在技术支持方面，从良种选育、提高牧草质量、提高饲料转化率、牧业机械、精准农业技术、水肥管理技术、数字化农牧场管理、检疫监测、灾害预测防范、产品保险供应到改善农场管理的过程中都有政府、协会和企业的投入，科研、教育与生产紧密结合，开展技术推广和给牧场主提供生产咨询，从而解决了牧场主技术需求，促进了农场生产水平的提高，提高了行业生产效率和整体竞争活力。

三　生态保护

澳大利亚政府对草业、畜牧业的保护手段之一就是加强生态建设，通过合理载畜、划区轮牧、季节休牧、粮草轮作、合理利用水资源和强化土壤健康管理等多种方式，防止草原荒漠化。

第一，合理载畜。其关键在于确定合理的草场载畜量。载畜量主要是由草原的产草量和再生能力决定的，产草量又取决于降水的多少。澳大利亚的牧场主根据拥有草原的产草量，确定牲畜的合理饲养规模，此规模一般比最大的理论载畜量要小一些。各家庭牧场几乎都有人工饲草料基地，储有充足的优质青干草和精饲料，灾年防灾，丰年把精饲料卖掉，青干草可储存数年。澳大利亚还将草场划分为畜群专业牧场，分肉牛场、奶牛场、种牛场以及毛用和肉用羊场等（张立中、辛国昌，2008）。另外也很少见到大畜群，羊群大多百只左右，牛群大多四五十头。为了避免经营者掠夺式利用草场，政府以较低的费用，将国有的贫瘠草场长期（一般为 99 年）租赁给牧业生产者（石华灵，2017）。

第二，划区轮牧、季节休牧和粮草轮作。这是对天然放牧场合理利用的一种放牧制度。一般牧场将草地划分为两部分，一部分是放牧场，另一部分是人工草地。对草场设置围栏，实行划区轮牧制度。澳大利亚根据不同地区草场的载畜能力和草场类型将不同类型的草场用围栏进行隔离，在不同类型的草场饲养不同生长阶段和不同数量的畜群，实行划区轮牧制度，将划区轮牧与季节休牧进行结合，使草场得到充分恢复，保障草场循环利用，这一技术已在世界范围内得到了推广运用（Saul G. R.、Chapman D. F.，2002；游锡火，2019）。澳大利亚还有配套的法规以保持畜牧业的可持续发展。一般实行划区轮牧可提高载畜量 20%，可使畜产品增加 30%。而季节休牧制度是在牧草返青到生长旺盛时期，仅用 20% 左右的小区放牧，其他小区全部禁牧，给牧草提供一个充分的生长发育机会，使其达到最大生物量，待牧草停止生长时，实行轮牧，5～6 年为一个轮换周期（解柠羽，2012）。控制放牧时间，即根据不同的自然条件、不同季节牧草生长速度，确定草地分块与每块草地放牧时间，以饮水井为中心，按车轮模式分割草地，在每块草地实行高密度、高强度放牧，这样既发挥了草原资源的最大生物量，又给牧草提供了休养生息的机会（黎波、张兰英，1993）。又通过粮草轮作，禾本科和豆科牧草混播，建立永久草地和一年生草场，以提高草地生产能力和畜牧业生产的经济效益，使牛羊饲养业走上可持续生态畜牧业发展的轨道。

第三，合理利用水资源。澳大利亚是一个水资源缺乏的国家，干旱影响了澳大利亚农业经济的方方面面。澳大利亚宪法赋予各州最大的水管理责任，联邦不得根据任何贸易或商业法律法规，剥夺各州或其中居民的权利，以合理地使用来自养护或灌溉的水（澳大利亚《宪法》第100条）。21世纪以来，澳大利亚农业占经济总量的比重不到3%，农业占用了澳大利亚近50%的土地，其用水量却占2/3，但有一半的农场无利可图。为此澳大利亚进行了持续的水管理改革，成立国家水委员会（NWC）、设立20亿美元的水基金、制定《水法》、开展水交易、加大农业基础设施投资、开发重要农作物抗旱品种、推动农民节水灌溉等，提高农业用水效率（曹茂，2021）。2020~2021年，澳大利亚灌溉了185.25万公顷农作物和牧场，其中牧场放牧和谷物用地49.58万公顷（这部分同比增长8%）、牧场用于干草和青贮饲料21.04万公顷（同比增长12%）。2020~2021年，澳大利亚灌溉农业用水量为749.95亿立方米，占全国总用水量的73%，其中142.95亿立方米用于放牧的牧场（同比增长13%），112.71亿立方米用于干草和青贮饲料的牧场（见表4-6）。澳大利亚灌溉草原，大多数利用地上水，有的是人工或天然河流作为水源，有的是较大的灌溉渠道、水库或农场水坝，有的来自城镇或网状干线供水，还有少量来自非农业水源的循环水或再利用水。政府除了通过兴建水源工程、天然降水集雨工程等，还出资为农牧户修建小塘坝、灌渠；在没有积水坑的小区内，安置了自动饮水槽，以此涵养水源，净化水源，防止泥沙淤积，保证水资源的永续利用。

表 4-6　2019~2021 年澳大利亚农业用水情况

类型	灌溉农业面积（万公顷）		用水量（亿立方米）	
	2019~2020 年	2020~2021 年	2019~2020 年	2020~2021 年
放牧用牧场和谷物[a]	46.07	49.58	126.02	142.95

类型	灌溉农业面积（万公顷）		用水量（亿立方米）	
	2019~2020 年	2020~2021 年	2019~2020 年	2020~2021 年
谷类作物（不包括水稻）	15.88	32.01	37.96	132.63
干草和青贮饲料用牧草和谷物[b]	18.79	21.04	107.11	112.71
棉花	5.49	19.74	88.69	79.54
水果和坚果（不包括葡萄）	17.28	19.69	38.13	71.89
甘蔗	18.93	15.75	58.92	66.47
葡萄藤	12.40	13.05	6.10	53.84
蔬菜	8.73	9.88	46.93	51.66
大米	0.50	4.51	35.63	38.26
总计	144.07	185.25	545.49	749.95

注：（a）包括苜蓿牧场和以谷类作物为食的地区；（b）用于干草和青贮饲料的苜蓿牧场。

资料来源：Australian Bureau of Statistics。

第四，强化土壤健康管理。尽管澳大利亚拥有丰富的生物多样性，但与北半球的土壤相比，澳大利亚的土壤有机质较少，磷和其他营养成分较低，结构较差，容易受到侵蚀、盐碱化、酸化和压实（DAFF，2021）。健康的土壤对于该国应对气候变化和自然灾害的能力、实现减排目标、确保粮食和水安全、保护生物多样性和经济增长至关重要。Jackson 等学者（2018）研究发现仅通过农业生产，土壤每年就直接为澳大利亚的经济贡献约 630 亿美元。但是土壤本质上为不可再生资源，形成极为缓慢、退化速度很快，侵蚀、土壤沙化、土壤酸化等均是土壤质量下降的表现，其中土壤酸化在 2001 年导致了 15.8 亿美元的农业生产损失（姜常宜等，2023）。为此澳大利亚政府一方面实施植被规模性保护，通过人工干预改良天然草场，针对草场普遍缺乏磷元素的情况，采用飞机喷洒过磷酸钙和磷钾复合肥的方式补充磷元素，保证牧草正常生长。2016~2017 年，在澳大利亚所有农业企业中，33% 的企业（即 28800 家）在 500 万公顷土地上使用了土壤增强剂，使用土壤增强剂的农业企业数量增加了 26%。同时，共有 57300 家农业企业向 5000 万公顷的农业用地施用了 500 万吨化肥，化肥施用面积减少了 4%。按地区划分，磷酸铵仍然是使用最广泛的化肥。然而，施用面积减少了 8%，降至 1300 万公顷，施用的吨数减少了 14%，降至 96.3 万吨。此外，补播抗逆性强、竞争性强的耐牧性豆科牧草，维持天然草场牧草种类的多样性（游锡火，2019）。另一方面发挥国家战略引导和协调作用，澳大利亚政府制定并实施了《国家土壤战略》（2021～2041 年），将提升农业生产力作为战略任务中的优先事项，着力实现改善土壤管理，促进农业产值在2030 年前增加到每年 1000 亿澳元以上。围绕确定需要改进土壤管理的重点地区，支持创新型土壤管理、科学和技术等，增加相关产品和技术的贸易和营销机会。准确评估土壤退化的环境影响，减轻土壤管理实践带来的环境风险，在土地使用规划框架与政策中确定战略性土壤资产的基准线并加以运用。增加和维持土壤有机碳，鼓励有助于增加土壤碳的土地管理措施，研发具有成本效益的测量、估算和模拟技术等（DAFF，2021；周璞等，2023）。

第五节　结论

澳大利亚的历史和经济发展是"建立在绵羊背上"。农业是澳大利亚经济的重要贡献者，是澳大利亚经济五大支柱行业之一。过去两个世纪澳大利亚畜牧业的成功是该部门创新、适应和持续应对经济、社会和技术进步能力的结果。草地资源是澳大利亚现代农业的基础，这就是为什么澳大利亚政府将保护生态环境、防止草原退化和科学经济利用草地资源作为优先事项的原因。

澳大利亚在草地资源上开发的农业活动由气候、可用水量、土壤类型和靠近市场的程度这些因素的组合共同决定。澳大利亚幅员辽阔，有赤道、热带、亚热带、沙漠、温带等诸多不同的气候区，人均草地资源和农业产业优势在世界上位于前列；但干旱面积占其大陆面积的 81% 左右，属于典型的旱农国家。澳大利亚政府一直将水资源利用和干旱防备放在自然资源管理的核心位置，改善现有水利基础设施、实施农业节水项目、培育出抗旱节水和水分高效利用的作物新品种、实施水交易等系列措施，对农业部门的持续增长至关重要。

为了促进草地资源合理开发和可持续发展，应对农业就业占总就业的比例减少趋势，澳大利亚近年来大幅提高机械化、自动化程度和其他生产力。与此同时，不断变化的技术和市场意味着澳大利亚需要一支更加多样化和高技能的劳动力队伍，为此重视管理和科学技术研究，将科研、生产与需求紧密结合，以强大的研发系统为基础研发出更明智的农业方法，支撑未来的生产力增长；以及制定有效的自然资源政策，加强对草地资源的干旱和风险管理。

参考文献

张修翔，2012，《澳大利亚农业地理区域研究》，《世界农业》第 6 期。

杨东霞，胡敏，曹海军，2021，《澳大利亚农业投资：法律规制与产业发展》，北京：法律出版社。

魏凡森，李洪豪，翟翔超，2021，《澳大利亚矿业市场浅析》，《世界有色金属》第 8 期。

余韵，杨建锋，2020，《澳大利亚大宗矿产资源政策新动向及其影响》，《中国国土资源经济》第 7 期。

百度网，《澳大利亚经济到底什么水平？（七大特点）》，2021-02-05，https：//baijiahao. baidu. com/s？id=16908315906299959303。

沈永兴，张秋生，高国荣，2014，《澳大利亚（第 3 版）》，北京：社会科学文献出版社。

欧内斯特·斯科特，2019，《澳大利亚史》，陈晓译，北京：华文出版社。

王建堂，李小建，1985，《七十年代以来澳大利亚的地理研究》，《河南科学》第 1 期。

〔美〕贾雷德·戴蒙德，2020，《剧变：人类社会与国家危机》，曾楚媛译，北京：中信出版社。

金颖琦，2015，《澳大利亚经贸政策变迁及其影响》，《合作经济与科技》第 22 期。

杰弗里·布莱内，2021，《帆与锚：澳大利亚简史》，鲁伊译，桂林：广西师范大学出版社。

ABARES，2013，Agricultural Commodities December 2013.

澳华财经在线，《人口红利消逝 澳洲城镇化 2.0 时代怎么走？》，2019-01-22，http：//k. sina. com. cn/article_2808105537_ a7604a4102000cm58. html。

石忆邵，范华，2009，《悉尼大都市建设用地变化特征及其影响因素分析》，《国际城市规划》第 5 期。

Greater Sydney Commission，"Towards our Greater Sydney 2056."2016-11-21. www. greater. sydney/towards-our-greater-sydney-2056.

吴初国，池京云，马永欢等，2020，《澳大利亚矿业模式》，《国土资源情报》第 4 期。

陆广瑞，2022，《跨澳大利亚铁路的兴建及其影响（1897—1917）》，硕士学位论文，苏州科技大学。

贾雷德·戴蒙德，2008，《崩溃：社会如何选择成败兴亡》，江滢、叶臻译，上海：上海译文出版社。

王景新，1988，《澳大利亚的铁路网络》，《河南大学学报》（自然科学版）第 3 期。

鲍祖贤，2000，《澳大利亚铁路简介》，《国外铁道车辆》第 3 期。

谈鸣时，1982，《澳大利亚煤炭工业近况》，《煤炭经济研究》第 11 期。

何金祥，2007，《近 10 年澳大利亚煤炭工业的发展状况》，《国土资源情报》第 11 期。

谢玉清，1996，《加强和改善宏观调控为煤炭工业发展创造良好的外部环境——赴澳大利亚煤炭工业考察报告之一》，《煤炭经济研究》第 10 期。

崔翔远，1997，《澳大利亚的煤炭出口》，《中国煤炭》第 11 期。

张兴传，1996，《澳大利亚铁矿石生产考察报告》，《山东冶金》第 3 期。

何金祥，2010，《澳大利亚铁矿工业的现状与展望》，《中国矿业》第 6 期。

新浪财经，《铁矿石对澳大利亚意味着什么?》，2020 - 05 - 18，https：//finance. sina. com. cn/money/future/indu/2020 - 05 - 18/doc - iircuyvi3643232. shtml。

赵书茂，2013，《澳大利亚城市化的主要特点及启示》，《河南社会科学》第 7 期。

Commonwealth of Australia, 2014, Agricultural Competitiveness Green Paper.

于立新，孙晓东，2015，《澳大利亚综合运输网络发展的特点与趋势》，《综合运输》第 1 期。

朱金，何宝杰，2017，《持续增长背景下大都市空间的"再均衡"发展战略——基于面向 2056 的悉尼大都市战略规划的启示》，《上海城市规划》第 5 期。

Ayres J. F., Fitzgerald R. D., Jahufer M. Z. Z., et al. 1992. "White Clover Improvement for the Australian Sheep Industry [Trifolium repens]." *Wool Technology and Sheep Breeding* (*Australia*).

张立中，辛国昌，2008，《澳大利亚、新西兰草原畜牧业的发展经验》，《世界农业》第 4 期。

闫旭文，南志标，唐增，2012，《澳大利亚畜牧业发展及其对我国的启示》，《草业科学》第 3 期。

搜狐网，《看看"骑在羊背上的国家"是怎么养羊的》，2023 - 03 - 02，https：//www. sohu. com/a/648208340_121124573。

游锡火，2019，《澳大利亚肉羊产业发展经验及对我国的启示》，《中国畜牧杂志》第 8 期。

杨秀春，2014，《澳大利亚畜牧业发展现状、特点及其启示》，《畜牧与饲料科学》第 3 期。

石华灵，2017，《澳大利亚畜牧业经济的特点及对我国的启示》，《黑龙江畜牧兽医》（下半月）第 7 期。

Saul G. R., Chapman D. F. 2002. "Grazing Methods, Productivity and Sustainability for Sheep and Beef Pastures in Temperate Australia." *Wool Tech Sheep Bree* 50（3）：449-464.

解柠羽，2012，《借鉴澳大利亚经验促进内蒙古畜牧业可持续发展》，《大连民族学院学报》第6期。

黎波，张兰英，1993，《赴澳大利亚考察草业畜牧业情况报告》，《新疆畜牧业》第5期。

曹茂，2021，《澳大利亚农业干旱简史与政策实践》，《古今农业》第1期。

Department of Agriculture. 2012. Australia's Agriculture. Fisheries and Forestry at a Glance 2012.

Jackson T., Zammit K. and Hatfield-Dodds S. 2018. Snapshot of Australian agriculture. Australian Bureau of Agricultural and Resource Economics and Sciences.

姜常宜，王锐，杨勇等，2023，《澳大利亚农业生态建设经验以及对中国长江经济带的启示》，《农业展望》第8期。

Department of Agriculture（DAFF）. 2021. Water and the Environment. Commonwealth Interim Action Plan：National Soil Strategy.

周璞，毛馨卉，侯华丽等，2023，《澳大利亚和欧盟土壤战略比较与借鉴》，《中国国土资源经济》第1期。

Australian Bureau of Statistics. Value of Agricultural Commodities Produced. Australia 2021-22 financial year. https：//www.abs.gov.au/statistics/industry/agriculture/value-agricultural-commodities-produced-australia/latest-release.

国家统计局，1983，《国际经济和社会统计提要》，北京：中国统计出版社。

国家统计局，2001，《国际统计年鉴》，北京：中国统计出版社。

国家统计局，2022，《国际统计年鉴》，北京：中国统计出版社。

下 篇
中国实践

中国既是全球的土地资源大国，也是世界上土地利用开发最为长久的国家之一。

在长达5000多年的开发利用过程中，广袤的土地不仅维系着华夏子民的世代相继，而且支撑着整个中华文明的发育延续至今，成为全球古代文明之树仅存的完整硕果。但遗憾的是，到了农耕文明晚期，由于内战不断、外敌入侵，中国的土地开发利用陷入了极度紊乱的状态。到中华人民共和国成立之初的1949年，全国的林草覆盖率不足54.0%，与农耕文明之初（公元元年）相比，降幅高达33.0个百分点，其中林地覆盖水平的降幅更是超过了43个百分点（范文澜，1963；中国林学会，1997）。此种脆弱的资源环境基础在其他发展中国家也是不多见的。所幸的是，由于开发规模有限，中国大规模工业化前的土地与能源矿产等资源的开发潜力得以保存。

客观地讲，与漫长古代文明时期相比，中国现代文明时期的土地资源开发利用时间虽短，但所产生的效果和影响却远超人们的预期。实际上，自20世纪50年代至今，中国仅用70多年便走完了西方工业化国家200多年所走过的发展之路，成为今日全球仅次于美国的第二大经济体。当然，与其他工业化国家的经历相同，在这一工业化发展过程中，中国也为此付出了沉重的环境代价，特别是在21世纪之前。

第五章　中国实践

应该说，20 世纪 50 年代初以来的大规模工业化及相关基础设施建设极大地拓宽了我国资源开发的广度和深度。然而，受资金不足、技术水平落后与市场开放程度低下等因素所限，国家工业化初期的社会财富积累不得不更多地依赖增大国内资源环境要素的投入规模来实现。由此产生的资源消费快速增长及引发的环境问题对国家资源环境基础所造成的压力增长是显而易见的。

进入国家工业化进程之后，中国的资源环境开发进入了一个新的阶段。一方面，以东北（如黑龙江）和西北（如新疆）地区为主的水土资源开发（军垦）得以继续；另一方面，大规模能源与矿产资源开发在全国范围快速展开。其结果是，这种开发从根本上改变了国家发展的资源投入结构，在一定程度上改善了原本脆弱的国家资源环境基础。然而，由于庞大的人口规模、强烈的发展诉求、快速的经济增长及不力的生态环境保护，国家资源环境基础所承受的压力有增无减。

第一节　国家资源环境基础

总体而言，中国的资源环境基础主要体现为总量可观、结构不尽合理、保有质量堪忧和人均拥有量少这四大特征。

一　总量可观

作为世界上最为重要的发展中国家之一，中国的资源环境基础在总量上还是相当可观的。

相对于陆地国土面积而言，中国的矿产、草场、能源、耕地和淡水五大关键要素在全球所占比重均保有一定优势。根据自然本底的要素综合评价（专栏二），中国资源环境基础总量在全球所占比重达到了 8.78%，优于中国国土面积占全球比重的 6.41%（见表 5-1）。得益于此，在全球 11 个大国（按人口超过 1 亿、面积超过 10 万平方公里计算，2018 年数据）中，中国的资源环境基础很是可观，其本底总量特征为 5754，位居前列（见图 5-1）。

表 5-1　2018 年中国资源环境及相关要素占世界比重

单位：%

项目	资源环境指标						总量	相关指标	
	淡水	耕地	草场	森林	矿产	能源		国土面积	人口
中国	6.54	8.64	11.97	5.31	10.00	8.66	8.78	6.41	18.54

资料来源：United Nations Department of Economic and Social Affairs，2022；FAO，2020；BP，2022；国家统计局，2020；中国地质矿产信息研究院，1993。

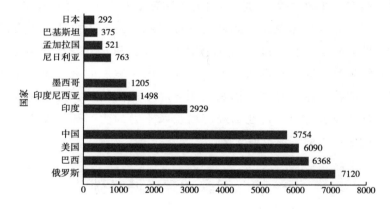

图 5-1　2018 年全球人口大国资源环境本底总量特征

资料来源：United Nations Department of Economic and Social Affairs，2022；FAO，2020；BP，2022；国家统计局，2020；中国地质矿产信息研究院，1993。

专栏二：要素综合评价

国家资源环境要素综合评价的目的在于刻画国家人地关系演进的基本特征，其评价的基本步骤大体分为国家资源环境本底或禀赋（按单位面积计算）与总体特征。

1. 国家资源环境本底或禀赋评价

这是分析国家资源环境本底特征的第一步。国家资源环境本底或禀赋评价的目的在于揭示国家资源环境本底或支撑能力特征，其基本公式可以表达为：

$$QF = \sum_{i=1}^{n} f_{si} \cdot f_{di} \quad (0 \rightarrow \infty) \qquad (1)$$

其中，QF 为国家资源环境基础的质量特征；f_{si} 为国家单位国土面积的四大资源环境生存要素（淡水、耕地、草场和森林）指标与相应的世界平均指标的比值，其要素的权重值为 1.0；f_{di} 为国家单位国土面积的两大资源环境发展要素（能源和矿产）指标与相应的世界均值之比值，其要素的权重值为 0.2[1]。总体而言，当 QF 值小于 4.40（全球资源环境禀赋特征值[2]）时，认为该国的资源环境禀赋质量低；当 QF 值大于 4.40 时，则认为该国的资源环境禀赋质量高。

2. 国家资源环境总体特征评价

$$TF = QF \cdot A \quad (0 \rightarrow \infty) \qquad (2)$$

此为国家资源环境本底特征分析计算的第二步。其中，TF 为国家资源环境本底的总量特征；A 为国家陆地面积。

[1] 六大资源环境要素的权重赋值是以各要素投入在支撑国家长期人文生产活动过程中的经济产出时效性计算得来，其基础数据（时间跨度为 2000 年）来源于安格斯·麦迪森撰写的《世界经济千年史》一书。

[2] 全球资源环境禀赋特征值（4.40）的计算如下：第一步，计算全球和对象国家单位面积的六大资源环境要素拥有量；第二步，以全球和对象国家单位面积的六大资源环境要素拥有量为分子，全球单位面积的六大资源环境要素拥有量为分母，计算出全球和对象国六大资源环境要素的初始特征值；第三步，根据要素权重，计算出全球和对象国六大资源环境要素的最终特征值；第四步，进行六大资源环境要素最终特征值的求和，分别获取全球与对象国的资源环境禀赋特征值，其中，全球资源环境禀赋特征值为 4.40。

二 结构不尽合理

尽管总量可观，但在各类资源要素的组合方面，却表现出明显的不尽合理。这种不尽合理主要体现在森林资源的相对匮乏。目前中国的森林面积占世界总量的比重不足 6.0%。

三 保有质量堪忧

尽管中国矿产和能源在总量方面具有较明显的优势，但这两类资源的保有质量令人担忧。例如，作为现代能源矿产的两大关键矿种——石油和天然气，其在国家能源矿产资源中的比重仅为 3.7%，较世界平均水平低了 28 个百分点。同样地，作为主导金属矿产，中国铁矿石的平均品位为 34.29%，较世界平均品位低了 14 个百分点。

四 人均拥有量少

由于人口基数庞大，中国资源环境各要素的人均拥有量存在明显不足。中国陆域国土面积的人口密度为世界平均水平的 3 倍多，作为国家人地关系演进的耕地、淡水、草场及森林四大关键生存要素的人均拥有量却只有世界平均水平的 30%~65%（见表 5-2）。能源的人均资源拥有量虽然超出全球人均水平 20%，但煤（炭）多、（石）油少、（天然）气缺的资源结构，相对中国现代化发展的能源安全保障仍然显出明显的底气不足。

表 5-2 2015 年中国资源环境要素表征指标的人均拥有水平国际比较

地区	人口密度	耕地	淡水	草场	森林	能源	矿产
	（人/km²）	（hm²/人）	（m³/人）	（hm²/人）	（hm²/人）	（t/人）	（美元/人）
中国	146	0.094	2028	0.28	0.16	126	496
世界	47	0.181	5601	0.44	0.53	103	895
中国占世界的比重（%）	311	52	36	64	30	122	55

资料来源：国家统计局，2016。

第二节　国家工业化进程

20 世纪 50 年代初，中国人口约 90.0% 生活在农村，社会财富产出（GDP）的约 85% 也来自农村，国家综合城镇化水平（人口与经济）只有 13.2%。受此影响，当时中国的人均 GDP 拥有水平不仅大大低于发达国家工业化之初的水平，就是与包括印度尼西亚、印度和孟加拉国等在内的其他发展中人口大国相比，其差距也在 20%～40%。如此积贫积弱的社会生产基础在 11 个人口大国中为中国仅有。显然，在如此薄弱的社会生产基础上推进国家工业化，其难度可想而知。尽管如此，在经历了长达百余年的殖民地和半殖民地的民族屈辱后，除了国家工业化的发展道路，中国别无选择。

纵观半个多世纪的发展，中国的大规模工业化大体分为艰难起步和快速发展两个阶段。

一　艰难起步阶段（1952～1979 年）

中国大规模的工业化始于中华人民共和国成立后的 20 世纪 50 年代初。国家工业化最初的目标是试图通过效仿苏联计划经济的模式，在较短时期内建立起一个相对独立和完整的国家工业生产体系。然而，在当时的国内外发展环境下，国家的工业化发展之路崎岖坎坷。

尽管如此，在全国上下节衣缩食的共同奋斗下，中国工业化的发展还是取得了相当可观的成就。到这一阶段末（1979 年），中国的 GDP 上升至 3470 亿元（按 1952 年不变价，下同），较工业化初期增长了 4.1 倍，其中，在社会财富增长中工业部门所占的比重上升至 43.8%；全国人均 GDP 达到了 376 元，较工业化初期增长了近 2 倍；全国人口城镇化的水平则升至 19.0%，较 1952 年增长了 6.5 个百分点（见图 5-2）。与此同时，中国的主要农产品如粮食、棉花和油料等增长了 0.5～1.0 倍，主要工业产品如原煤、原油、发电量、生铁、粗钢、成品钢材和水泥等则增长了数十倍至上百倍。

二 快速发展阶段 (1980~2015 年)

改革开放以来，中国工业化进入了快速发展阶段。随着市场经济模式的大范围采用和国际资本与先进技术的大规模引进，中国的工业化进入了一个难得的快速发展机遇期。

1980~2015 年，中国经济总量增长了 25.9 倍，不仅成了仅次于美国的世界第二大经济体，而且成了全球第一大工业品制造大国。2015 年中国的人均 GDP 超过了 6712 元（按 1952 年不变价计算），较艰难起步阶段末（1979 年）的水平提高了 17.9 倍。与此同时，全国人口城镇化水平也达到了 57.3%（见图 5-2）。

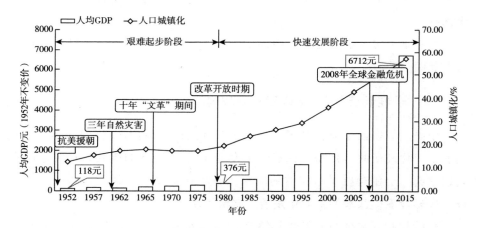

图 5-2　1952~2015 年中国 GDP 增长与人口城镇化发展过程

资料来源：United Nations Department of Economic and Social Affairs, 2022；FAO, 2020；BP, 2022；国家统计局, 2020；中国地质矿产信息研究院, 1993。

更为重要的是，进入 21 世纪后，国家不断加大对社会脱贫的投入力度，特别是 2010 年以后。2021 年中国政府宣布，到 2020 年底，中国如期完成全国脱贫攻坚目标任务，现行标准下 9899 万农村贫困人口全部脱贫，832 个贫困县全部摘帽（见图 5-3），12.8 万个贫困村全部出列，区域性整体贫困得到解决，完成消除绝对贫困的艰巨任务（国务院新闻办公室，2021）。这一成就为以后整个国家现代化的持续发展奠定了一个稳定的社会基础。

图 5-3　2012~2020 年中国农村贫困人口变化

资料来源：国务院新闻办公室，2021。

第三节　国家人地关系的演进

作为世界上最大的发展中国家，在经历了半个多世纪大规模的工业化建设和城镇化发展之后，中国的经济总量已经跃升至全球第二。然而在资源环境开发的极化效应作用下，相对粗放的开发和利用方式对中国的国家人地关系演进造成了极大的负面影响。在全球人口大国中，目前中国的国家人地关系紧张状态仅次于日本，远高于其他 9 个人口大国，而导致这一事态发展的关键则是质量相对低下的资源开发所引发的严重生态破坏。

正如前文所述，在国家工业化之初，中国拥有一个相对良好的资源环境基础。除了森林资源，中国的淡水、耕地和草地三大关键生存资源尚有不同程度的开发潜力，能源和矿产两大关键发展资源也有很大的开发潜力。

尽管如此，在国家工业化之前，中国的资源环境基础已经受到相当程度的削弱。实际上，在 20 世纪的上半叶，长期的政治动荡和连年内外战乱使得国家资源环境基础整体上受到了前所未有的破坏，特别是在生存要素方面。20 世纪 50 年代初，除西南地区外，其他地区特别是中部和东部地区长期建立起来的良好农业生产基础均遭到不同程度的破坏。

进入国家工业化进程之后，中国的资源环境开发开始进入了一个新的阶段。在以东北（如黑龙江）和西北（如新疆）等地区为主的水土资源开发（军垦组织方式）得以开展的同时，大规模的能源与矿产资源开发也在全国范围内快速地推进。其结果是这种大规模的开发从根本上改变了国家财富增长的资源要素投入结构（张雷，2004）。应当说，这种多要素结构的资源开发在一定程度上有益于改善国家传统资源环境投入产出效率的提升。然而，在持续的人口增长、强烈的发展诉求、快速的经济增长、粗放的利用方式及不力的生态环境保护的条件下，国家资源环境基础所承受的压力迅即增大，以致自 20 世纪 90 年代以来中国的国家人地关系演进开始进入全面紧张的状态。

依据国家人地关系演进的模型（专栏三），中国的国家人地关系演进过程大体可分为相对宽松和全面紧张两个阶段（见图 5-4）。

专栏三：国家人地关系演进状态特征评价

这一评价的目的在于揭示国家人地关系演进状态的基本特征，其基本评价公式为：

$$NMLE = HA/QF \cdot c \qquad (3)$$

其中，$NMLE$ 为国家人地关系演进状态特征值；c 为全球人地关系演进状态系数。从理论上讲，当 $NMLE$ 值小于 1.0 时，表明该国的人地关系演进尚处于相对宽松状态。相反，当 $NMLE$ 值大于 1.0 时，表明该国的人地关系演进已进入紧张状态。HA 为人文活动综合强度变化特征，其基本评价公式为：

$$HA = \sqrt[n]{\prod_{i=1}^{n} a_{ti}} \,(0 \to \infty) \qquad (4)$$

在这里，HA 为全球与国家人文活动强度特征；a 为人文活动要素（人口、GDP 和环境污染如碳排放），n 为人文活动要素构成的数量；t 为人文活动要素发生的具体年份。

一　相对宽松阶段（1952~1980 年）

国家工业化之初，由于资源环境开发几乎全部集中于水土两大资源要素的基础之上，且开发手段相对落后，因此中国的国家人地关系的整体演

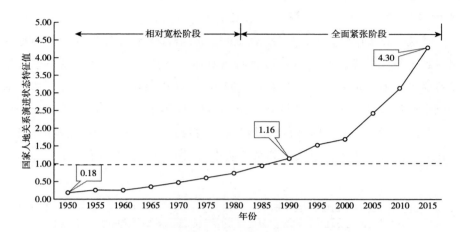

图 5-4　1952~2015 年中国国家人地关系的演进过程

资料来源：张雷、杨波，2019。

进尚能保持在相对宽松的状态。此时，中国国家人地关系演进的状态特征值不足 0.2，在 11 个人口大国中排在日本、美国、印度和巴基斯坦之后，位居第 5。

应该说，20 世纪 50 年代初以来的大规模工业化及相关基础设施建设极大地拓宽了国家资源开发的广度和深度。然而，受资金投入不足、技术水平落后与市场开放程度低下等因素的影响，国家工业化初期的社会财富积累不得不更多地依赖增大国内资源环境要素的大规模投入来实现。由此产生的资源消费快速增长及其引发的环境问题对国家资源环境基础所造成的压力是显而易见的。例如，1952~1980 年，中国一次能源消费增长了近 11.3 倍，相应地，全国碳排放增长了 6.7 倍，结果使得全国人地关系演进状态特征值在 1980 年超过了 0.7，较之工业化初始期（1952 年）增长了 3 倍。相应地，中国国家人地关系的演进状态在 11 个人口大国中的位置也从 20 世纪初的第 5 位快速上升至仅次于日本（6.57）和美国（0.94）之后的第三位（张雷、杨波，2019）。

人地关系演进的动力要素结构分析表明，人口增长、经济发展和环境污染是决定国家和地区人地关系演进状态的三大关键人文活动要素。

首先，自国家工业化以来，人口增长在国家人地关系演进中的相对作用便开始呈现出明显的下降趋势。1980年人口增长的相对贡献度为24.3%，较1957年减少了6.5个百分点（见图5-5）。

其次，以GDP为代表的社会财富增长在国家人地关系演进过程中的作用得到了很大提高。在经历了短暂的相对作用下降之后，GDP在国家人地关系演进中的地位便开始一路上升。1980年GDP增长在这一进程中的相对贡献度已经上升至35.7%，与1957年的34.3%相比，增长了1.4个百分点。

最后，同人口与GDP两者的增长作用相比，以碳排放为代表的环境污染在此一阶段在中国国家人地关系的演进过程中所起的作用最为重要。

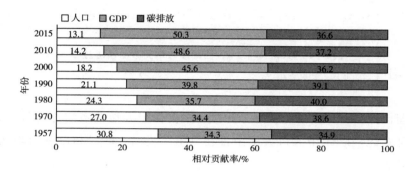

图5-5　1957~2015年中国人地关系演进的人文要素作用分析

资料来源：张雷、杨波，2019。

环境污染在这一阶段总体保持着持续上升的态势。1957年，环境问题在国家人地关系演进中的相对贡献度只有34.9%，但是到了1980年，这一贡献已经快速升至40.0%，达到国家人地关系演进过程考察期的峰值。例如，作为北京市重要的供水水源，河北省的官厅水库因库区水质恶化最终丧失了地区供水服务的功能，这一事件就发生在这一时期（姜树君、王净，2003；当代中国史研究所，2015）。而作为南方高原明珠的云南滇池，在20世纪60年代的水质尚保持在Ⅱ类标准，但是在70年代后期则呈现明显恶化（黄永泰，1999）。同样地，这一时期诸多城市的大气环境质量也呈现出急剧恶化态势。例如，辽宁中部的鞍山和本溪两城市工业区每月平方公里降尘量高达数百吨（曲格平、彭近新，2010）。发生于1974年夏季的甘肃兰州市西固区大气污染则成为证实中国城市光化学烟雾事件存在的第一案例（甘肃省环境保护研究所大气化学组，1980）。

究其原因，关键在于当时中国的工业基础设施和生产技术的落后，主要工业设备和工艺生产尚处在 20 世纪 20~40 年代的水平上，整体经济产出的效益远不尽如人意。例如，1980 年我国 6MW 以上火力发电机组的单位供电煤耗为 448 克标煤/度，单位水泥综合能耗为 219 千克标煤/吨，单位钢可比能耗为 1201 千克标煤/吨，分别高出发达国家水平的 20%~60%（国家统计局工业交通统计司，2001）。如此落后的社会生产状态在几乎处于空白的环境治理情况下，必然产生极为严重的环境后果。

二 全面紧张阶段（1981~2015 年）

自 20 世纪 80 年代以来，全国市场的开放、资本与技术的引进和经济结构的调整使得粗放的资源利用和环境破坏的状况得到一定程度的改变和缓解。尽管如此，庞大的人口数量、大幅提高的物质产出水平以及传统的资源环境开发理念依旧对已经变得相对脆弱的资源环境基础造成了巨大的压力。

在第七个五年计划开局的第一年（1986 年），中国的国家人地关系演进状态特征就开始跨越了 1.0 的阈值门槛（见图 5-4）。这一变化明确无误地表明，中国国家人地关系从此开始进入了紧张阶段。然而，事情的发展并未到此为止。20 世纪 90 年代以来中国国家人地关系演进的紧张状态明显加剧，到 2010 年则超过 3.0 的关口。其结果是，在全球 11 个人口大国中，中国国家人地关系的紧张状态仅次于日本的 8.92，位居第 2。2015 年时中国的国家人地关系的演进状态特征值则进一步地升至 4.3。

受益于长期实行的严格人口控制政策，这一阶段的人口增长作用呈现出更加明显的下降态势。2015 年国家人地关系演进中人口增长的相对贡献度仅有 13.1%，较 1980 年下降了约 11.2 个百分点（见图 5-5）。

与相对宽松阶段相比，GDP 在国家人地关系演进中的地位则有了显著提升。1990 年 GDP 的贡献度便开始占据了三大人文社会活动要素的首要位置，且在此后的演进中成了人文社会活动中唯一一个保持持续增长的关键要素。换言之，社会财富的积累成了这一时期推动国家人地关系演进走向全面紧张的第一动力来源。根据数据分析，2015 年 GDP 在国家人地关系演进中的作用占去了半壁江山，相对贡献度达到了 50.3%，比 1980 年增长了近 14.6 个百分点。客观地讲，由于长期大规模的资本与技术引进，中国社会生产的基础设施和技术装备水平均得到大幅提升。例如，2010 年我国 6MW 以上火力发电机组的单位供电煤耗为 315 克标煤/度，单位水泥综合能耗为 137 千克标煤/吨，单位钢可比能耗为 644 千克标煤/吨，分别比 1980 年时降低了 29.7%、37.4%、46.4%。然而，与这一时期整个国家追求更快、更大的社会财富积累需求相比，社会生产技术的进步对由此产生的巨大物质能量投入需求相比也只能起到一定程度的抑制作用，与节约型社会的文明生产需求相比仍有很大差距。例如，与 1980 年相比，2015 年中国的粗钢产量增长了近 20.7 倍，水泥增长了 28.5 倍有余，火力发电量增长了 18.3 倍。相应地，中国一次能源的投入（消费）增长了 6.2 倍。

在人口增长作用的下降和经济增长作用快速上升的同时，20 世纪 80 年代以来中国环境问题的相对贡献开始呈现总体下降的态势，但是其下降幅度不甚明显，1980~2015 年的降幅只有 3.4 个百分点（见图 5-5）。实际上，由于承载着来自前一阶段近 30 年的积累，这一时期环境问题反而显得更为突出。例如，1998 年发生于长江流域和嫩江流域的特大洪水，2000 年以来北方地区频发的沙尘暴和全国城市区域经历的雾霾天气，正是这种资源环境压力日益增大的真实反映。与此同时，辽河、海河、淮河、太湖、巢湖和滇池等三河三湖水质的全面恶化也均发生在这一阶段（曲格平、彭近新，2010）。

第四节　资源供应压力分析

随着国家人地关系进入全面紧张阶段，中国的工业化发展开始承受越来越大的资源环境压力。

一　资源供应压力

对中国这样一个人口和经济高速发展的大国而言，国家人地关系紧张所造成的资源压力几乎是全方位的。

第一，粮食供应保障。作为一个传统农业生产大国，中国的农业生产不仅是全体国民温饱的基本保障所在，而且还是国家工业化进程的重要资本和原材料来源。然而，在社会需求的快速增长和有限耕地的供给双重作用下，中国农业的生产越来越难以满足多样化的社会消费需求增长，其中以粮食供需形势的变化最为典型。在 20 世纪 90 年代以前，中国农业生产始终在国家社会稳定和经济建设中起着有效稳定器的作用。国家人地关系进入紧张状态之后，中国农业生产的这种作用便开始呈现快速下降趋势。根据前述第一章所分析，1990 年中国的粮食供需已经无法实现完全自给。进入 21 世纪后，中国的粮食进口规模不断扩大，国家粮食供应的安全问题日趋凸显。2020 年，中国的粮食供应对外依存度已快速上升至约 17.2%。

需要指出的是，作为一个农耕文明历史悠久和地理开发环境多样的农业生产大国，之所以能够长期以占全球 6.4% 的陆地国土面积养活着世界 18.5% 的人口，其关键就在于对土地的精耕细作。根据联合国粮农组织的资料分析，2019 年中国单位谷物种植（主要为稻谷、小麦、玉米和大豆）面积的产量为全球均值水平的 1.38 倍，位居世界粮食生产大国前列（FAOSTAT, 2023）。然而，毕竟受到耕地资源有限方面的限制，中国的粮食生产与供应安全始终是国家现代资源环境持续开发进程中一个必须直面的重大挑战。

图 5-6 的分析表明，在国家工业化初期阶段，经历了 20 多年的有限增长之后，1975 年中国的耕地面积达到了 13730 万公顷，较 1952 年增长 25.6%。此后，中国的耕地面积开始一路走低，到 2019 年时已降至 12790 万公顷，较 1975 年高峰期的面积减少了 6.8%。尽管此时全国的粮食单产已经相当于 1975 年的 2.87 倍。

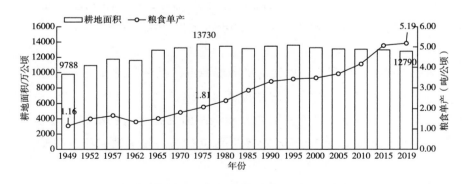

图 5-6　1949~2019 年中国耕地面积、粮食单产变化

注：作者对部分年份国家的耕地面积做了修改。

资料来源：历年《中国统计年鉴》。

第二，木材供应。作为最大的植物种群，森林不仅主导着地球自然生态系统的成长进程，而且深刻影响着人类文明的发育状态。如前所述，20世纪50年代初中国的天然林资源就已经遭受到严重损耗，为此中国不得不在大力提倡人工林种植的同时，通过加大有限天然林资源的采伐来满足国家工业化发展对木材供应的基本需求。这种情况在改革开放后开始发生变化。

随着国际木材供应量的增大，中国木材供需的自给率开始出现明显下降趋势，特别是在1998年长江和嫩江特大洪水以后国家实施天然林全面商业禁伐的政策下。到2015年，中国木材供需的自给率已经下降至61.8%，与国家工业化之初的1952年相比，降幅高达38.1个百分点（见图5-7）。

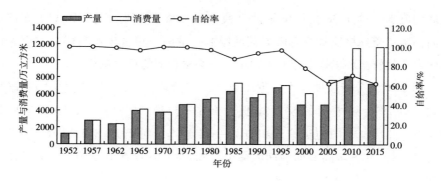

图5-7　1952～2015年中国的木材供需自给率变化

资料来源：United Nations Department of Economic and Social Affairs，2022；FAO，2020；BP，2022；国家统计局，2020；中国地质矿产信息研究院，1993。

第三，矿产供应保障。中国的矿产资源虽然品种相对齐全，储量较丰，但一些关键矿种却存在着明显的品位低、质地杂（共生和伴生矿）和储量有限等问题，因而造成矿产资源的开发始终面临技术门槛高和资金投入大的挑战，难以满足国家工业化长期发展的需求，其中铁矿石的供应便是一例。

在工业化初期阶段，为确保钢铁工业生产的矿石供应，国家投入巨大资本和技术用于铁矿石开采业的发展。到1980年，中国铁矿石的产量虽然最终突破了1.0亿吨的大关，但也仅是勉强维持全国3000万吨的粗钢的生产水平。进入 20 世纪 80 年代后，随着大规模城镇化和基础设施建设时期的到来，国民经济发展对钢铁产品的需求呈现快速上升局面。为了应对这一快速变化，国家不得不扩大铁矿石的进口规模，以确保国内钢铁工业发展的供需平衡。其结果是到 2015 年，中国铁矿石供需的自给率已经下降至 59.2%，与 1980 年相比，降幅高达 38.7 个百分点（见图 5-8）。

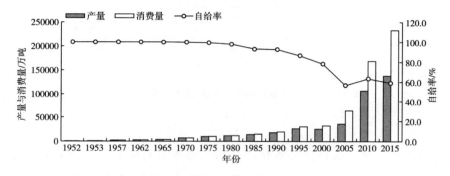

图 5-8　1952~2015 年中国铁矿石供需自给率变化

资料来源：United Nations Department of Economic and Social Affairs, 2022；FAO, 2020；BP, 2022；国家统计局, 2020；中国地质矿产信息研究院, 1993。

实际上，随着国内制造业生产能力的大幅提升，除了铁矿石外，21 世纪以来中国许多关键矿种的初级产品供应也越来越依赖于国际市场。依据相关报道，2011 年中国其他初级矿产品如铬、钾、铜、铅、硫、锰、钴、铝土和锌等关键矿种的对外依存度已经达到 24%~94%（见图 5-9）。

第四，能源供应保障。与矿产资源相同，虽然中国的能源资源总量相对较大，但存在煤多、油缺、气少的明显缺陷，品种自身的结构远不尽如人意。目前我国矿物燃料资源中，煤炭、石油和天然气的比重为 89.7∶4.0∶6.3，与全球的 59.0∶27.1∶13.9 相去甚远（BP, 2021）。能源资源结构特征成了中国工业化长期发展的"命门"所在。

在国家工业化初期，依赖国内煤炭绝对主导地位的能源供应尚能基本维系整个社会经济的发展。但是当国家工业化进入到高速发展阶段后，原有的能源供应模式受到来自产业结构升级、城市化发展和环保需求增强三个方面的巨大压力。为此，自 20 世纪 80 年代以后，中国开始放弃能源供应

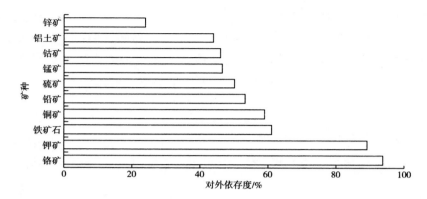

图 5-9　中国关键初级矿产品对外依存度（2011 年）

资料来源：中国选矿技术网，2013；杨兵，2013。

完全自给的政策，通过国际市场的开拓来增强自身能源供应的安全，因而造成中国能源供应自给率的持续下降。2015 年中国一次能源供应的自给率为 83.4%，与 1980 年相比，降幅达 22.3 个百分点（见图 5-10）。

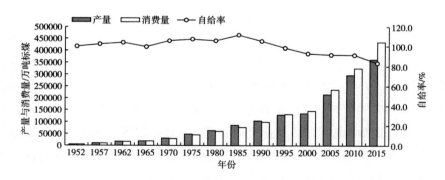

图 5-10　1952~2015 年中国一次能源供应自给率变化

资料来源：张雷、黄源浙，2013；国家统计局，2016。

在上述变化中，快速增长的石油（原油，下同）进口作用最为关键。石油是国家工业化以来中国能源供应系统唯一一个长期保持着开放性特征的矿种。20 世纪 60 年代中期以前，中国石油及制品消费的半数以上来自苏联。20 世纪 70~80 年代，随着国内石油资源开发规模的扩大，中国开始进入世界石油市场，以改善国际贸易的平衡和提高国家产品出口的换汇率能力。进入 20 世纪 90 年代中期后，中国再次回归到原油净进口国的位置上，且进口规模大幅上升。到 2015 年原油进口数量已超过 5.0 亿吨，以致国家原油供应的自给率进一步降至 38.5%（见图 5-11）。

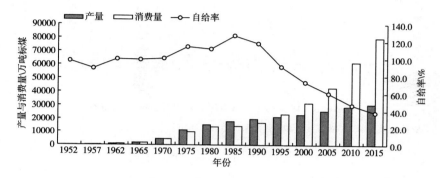

图 5-11　1952~2015 年中国原油供应自给率变化

资料来源：张雷、黄源浙，2013；国家统计局，2016。

然而，事情的发展并未到此为止。进入 21 世纪后不久，作为传统主导能源矿种的煤炭和作为新兴能源矿种的天然气也先后加入我国能源产品大规模进口的行列中来（见图 5-12 和图 5-13）。

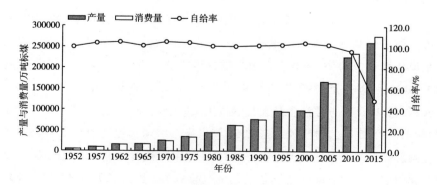

图 5-12　1952~2015 年中国煤炭供应自给率变化

资料来源：张雷、黄源浙，2013；国家统计局，2016。

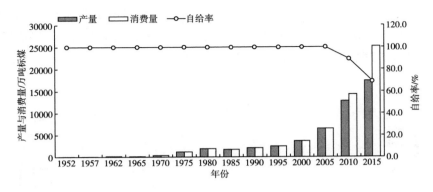

图 5-13 1952~2015 年中国天然气供应自给率变化

资料来源：张雷、黄源浙，2013；国家统计局，2016。

二 环境治理压力

国家工业化的长期实践表明，中国国家人地关系演进中的环境压力主要来自资源开发利用不当而引发的所谓环境破坏。与此同时，大规模资源开发导致的快速空间扩张活动诱发了诸如山体塌方和沙尘暴等自然灾害的多发，并加重了地震、泥石流和洪水等自然灾害的损失程度。

在中国的工业化进程中，资源开发利用不当所引发的环境问题主要反映在土地荒漠化、水环境破坏和大气环境污染三个方面。

第一，土地荒漠化。荒漠化造成的人类有效生存空间的缩小是中国人地关系演进面临的最大环境挑战之一。资料显示，20 世纪 50 年代，我国土地荒漠化面积以每年 1560 平方公里的速度扩张，80 年代每年的扩张速度达到了 2100 平方公里，90 年代则进一步升至 2460 平方公里（丁伟，2001）。与此相应，中国北方强沙尘暴天气的发生次数也由 20 世纪 50 年代的 5 次发展到 90 年代的 23 次。应当说，自 2005 年以来，中国土地荒漠化的恶化趋势开始受到总体遏制。根据相关报道，到 2014 年中国荒漠化土地面积连续 10 年缩减，其中 2009~2014 年，全国荒漠化土地面积净减少 12120 平方公里，年均减少 2424 平方公里（国家林业局，2015）。

第二，水环境破坏。虽然中国的水资源总量相对可观，在 11 个人口大国中位居第 4，但是人均拥有量仅有 2028 立方米，相当于全球人均水平的 36.0%，在六大关键资源环境要素中所处的劣势地位仅次于森林资源（见表5-2）。

然而，自国家工业化以来，中国的水环境也开始呈现日趋恶化的局面。一方面，随着社会用水量的增长，中国的污水排放也呈现快速上升的态势。2015年，全国工业和生活污水的排放量较1952年增长了25.1倍（见图5-14）。如此快速增长最终引发了20世纪90年代以来全国大范围的水环境污染，其中"三河三湖"中的海河、辽河和淮河3个流域，超Ⅴ类水河长分别占56%、48%和41%，太湖、滇池、巢湖三大湖的水质则介于Ⅴ类和超Ⅴ类之间，成为全国水污染治理的重中之重。

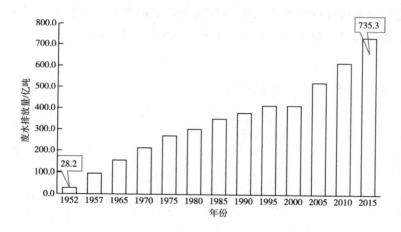

图5-14　1952~2015年中国废水排放量

资料来源：历年生态环境状态公报。

另一方面，过度开发造成江河断流的产生，其中最为典型的就是作为中华文明发育母亲河的黄河。黄河流域的现代开发始于20世纪50年代中期，我国经过大约60年的大规模治理和开发利用，在黄河干流上先后修建了170余座大中型水库，初步形成了"上拦下排、两岸分滞"的防洪工程体系，取得了连续50年伏秋大汛不决口的伟大成就。与此同时，通过上千处取水调水工程，黄河流域担负西北、华北地区约1.4亿人口、1600万公顷耕地和50多座大中城市及能源基地的供水和电力供应。黄河流域开发在防灾、供水、灌溉和发电等方面所发挥的巨大效益，使流域人文社会经济的发展有了根本变化。然而，随着开发的深入，消费需求的快速增长最终突破了流域生态系统承载力的极限，并开始危及系统自身的正常发育。观测数据显示，从1972年到1997年，黄河出现了连续性断流。这条历史上曾被赞誉为"奔流到海不复还"的黄河已经开始直面成为一条间歇河的危机（见图5-15）。根据相关分析，20世纪50~90年代，通过各类工程控制，人文系统的黄河水量使用从135亿立方米增至308亿立方米。与此同时，黄河入海流量则从近580亿立方米减少至187亿立方米（刘昌明、张学成，2004；李有利等，2001；陈霁巍、穆兴民，2000；李会安、张文鸽，2004）。与此同时，2008年黄河V类及劣V类的河段长度较1999年增加了近13%（水利部黄河水利委员会，2010）。断流和污染最终造成河道淤积、河口岸线后退、局部河段鱼类灭绝及近海水域生物资源萎缩，致使整个流域生态系统明显退化（崔树彬等，1999；王颖、张永战，1998）。

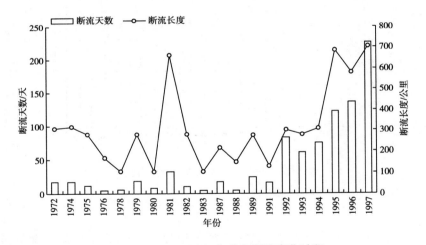

图5-15 1972~1997年黄河断流变化过程

第三，大气环境污染。中国的大气环境污染主要体现在碳与颗粒物的排放量方面。在碳排放方面，由于无法从根本上改变以煤为主的能源供应状态，自国家工业化以来中国的碳排放基本保持着快速上升的局面。20世纪50年代初，中国碳排放还只有全球排放总量的3.0%，1980年也不足8.0%。但在经历30多年的快速经济发展后，2015年中国碳排放达全球排放总量的28.1%（见图5-16）。作为世界上第一大碳排放国，当2016年4月

有关全球气候变化的《巴黎协定》签署与 2017 年 6 月美国总统特朗普宣布
退出《巴黎协定》时，中国政府坚定的减排态度和决心理所当然地受到世
界各国普遍的赞扬和支持。与碳排放的国际影响相比，颗粒物所造成的大
气污染更具国内性，因为中国百姓特别是城市居民更为关注大气环境污染
中的颗粒物排放治理。统计数据的分析显示，作为颗粒物污染源，中国的
烟（粉）尘排放增长速度远远低于煤炭消费的增长速度。这种情况的出现
是因为能源使用者特别是工业部门的能源使用者普遍通过回收技术以减少
烟尘的排放。尽管如此，20 世纪 90 年代以后，中国城市特别是北方许多城
市的大气污染明显加重。为此，中国环保部门对 1982 年制定的《环境空气
质量标准》（GB 3095—1982）进行了两次修改（GB 3095—1996 和 GB
3095—2000），以加强城市大气环境的治理。当修改的标准开始正式执行
后，全国城市的空气质量出现了一定好转的趋向（环保部，2009）。

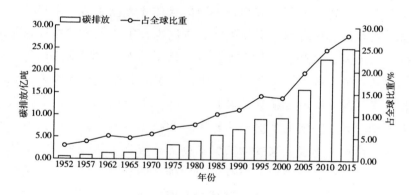

图 5-16　1952~2015 年中国碳排放及占全球比重变化

资料来源：BP，2022。

　　然而，2004 年以来情况开始发生逆转，灰霾气象的出现成了中国许多
城市大气环境污染的又一新挑战。为此，环保部门又于 2012 年对《环境空
气质量标准》进行了第三次修改（GB 3095—2012）。根据环保部《2013 中
国环境状态公报》报道，2013 年全国平均霾日数为 35.9 天，比上年增加
18.3 天，为 1961 年以来最多。具体而言，这一年中国的中东部地区发生了
两次较大范围区域性灰霾污染，呈现污染范围广、持续时间长、污染程度
严重、污染物浓度累积迅速提升等特点，且污染过程中的首要污染物为

$PM_{2.5}$ 的颗粒所取代。其中，1 月的灰霾污染过程接连出现 17 天，污染较重的区域主要为京津冀及周边地区，特别是河北南部地区；12 月发生的严重灰霾污染过程地域更广，主要集中在中东部地区的长三角区域、京津冀及周边地区和珠三角部分地区（见表 5-3）。

表 5-3　2013 年全国重点区域 47 座城市大气环境达标监测结果

区域	城市总数	SO_2	NO_2	PM_{10}	CO	O_3	$PM_{2.5}$	综合达标
京津冀	13	7	3	0	6	8	0	0
长三角	25	25	10	2	25	21	1	1
珠三角	9	9	5	5	9	4	0	0

资料来源：环保部，2014。

三　自然灾害损失

由于自然地理环境复杂多样，中国的自然灾害频繁，发生概率大，经常造成人员和社会财富的巨大损失。自古以来，中国人就把这种自然现象视为国家人地关系演进的一种必然反映。所不同者，农耕文明时期，人们对自然界怀有极大敬畏，常把各种天灾的发生及其造成的各类人文社会损失看作上苍对国家统治者施政过失和社会行为不当的惩戒或警告。进入现代文明时期后，人们则更多地寄希望于科学技术的进步，以努力认识地球自然环境并能主动掌控人文社会的受灾损失。应当承认，在现代国家的组织下，人类应对自然灾害的能力有了很大程度的提高。但是严酷的现实却是，随着人口数量的增长和社会财富积累的加快，自然灾害在现代社会所造成的损失不减反增。世界如此，中国同样如此。

根据民政部门的数据，在 20 世纪 90 年代以前，自然灾害对我国社会经济造成的直接经济损失尚限于 3000 亿元（当年价）的范围以内（国家统计局、民政部，1995；民政部，2011~2015）。此后，随着社会经济的发展，自然灾害对我国社会经济造成的直接经济损失便呈现一路飙升的局面。在国家"九五"计划期间（1996~2000 年），这种损失已经超过了 1.0 万亿元的水平，而到国家"十一五"规划期间（2006~2010 年）则更是达到 2.6 万亿元以上的新水平（见图 5-17）。例如，根据记载，国家工业化以来长江流域曾发生过两次特大洪水——1954 年和 1998 年。按照洪水最大流量计算，1998 年发生的特大洪水比 1954 年时的要小，但是造成的直接经济损失却高出 1952 年近 8.0 倍（骆承政，2006；百度百科，2018；文玉，2005；互动百科，2018）。再例如，发生于 2008 年汶川（四川西部）大地震造成了 8520 多亿元的直接经济损失，比 1976 年发生在唐山（河北东部）大地震所造成的损失高出 63 倍（国家减灾信息中心，2009；百度百科，2023；搜狗百科，2018），即使按照不变价格计算，也高出 2.1 倍。如果 2008 年的汶川大地震不是发生在中国的西部山区而是发生在中国东部沿海地带，那么由此所造成的直接经济损失恐怕难以估量。与此同时，2008 年初发生了中华人民共和国成立以来罕见的雨雪冰冻灾害，这场持续了 20 多天的低温雨雪冰冻天气，影响范围波及多达 20 个省（区、市），造成全国直接经济损失 1516 亿元（彭珂珊、彭桦，2008）。依据相关分析，如果将这场发生在 2008 年的低温雨雪冰冻天气向前推至 2000 年，那么由其所造成的全国直接经济损失有可能下降 1/4（张雷、黄源浙，2013）。

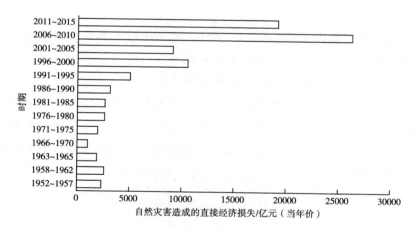

图 5-17　1952~2015 年中国自然灾害直接经济损失

资料来源：历年《全国自然灾害损失情况》。

第五节　结论

长期的农耕文明在造就了中华民族现代化发展基础的同时，也使国家水土资源基础的开发潜力所剩无几。应该说，20 世纪 50 年代以来的大规模工业化及相关基础设施建设极大地拓宽了资源开发的广度和深度。然而，受资金不足和技术水平限制，大规模工业化初期的社会生产使得中国不得不更多地依赖增大资源环境的要素投入来实现发展目标。因此，迅速增长的资源消费及由此引发的环境破坏在所难免，其中，以能源、矿产消费的增长和大气环境的破坏最为明显。

20 世纪 80 年代中期以来，大规模的市场开放、技术引进和经济结构调整使得原有的资源使用效率得到很大程度的改善，但国家资源环境基础的压力承载并未因此而得到相应的减缓，反而变得愈发沉重。究其原因在于，庞大的人口数量、迅速提高的生活水平及保持依旧的传统开发理念。20 世纪 90 年代以来，快速增长的石油与矿产进口、持续多年的黄河断流、迅速扩大的荒漠化面积（包括北方地区沙尘暴）、损失巨大的长江流域洪涝灾害和四川汶川地震，以及近年来全国大范围发生的灰霾肆虐等事件不断地证明了这样一个基本事实，即中国目前的国家人地关系已经进入全面紧张状态。

有鉴于此，如何在正确认识中国自身资源环境本底特征的基础上，通过资源环境开发利用的科技创新和有效管理，将以资源环境投入为主的传统社会生产模式逐步转变为以人力智慧投入为主的绿色社会生产模式，最大限度地减缓乃至遏制日趋紧张的国家人地关系应是我国未来国家持续发展的长期目标和基本任务。然而，要落实这一目标和任务，还需要对中国资源环境基础和人地关系的空间结构与演进特征做出科学的认知和正确的判断，其中的一个极为重要的领域便是草地资源的开发。

参考文献

范文澜，1963，《中国通史简编》，北京：人民出版社。

中国林学会，1997，《中国森林的变迁》，北京：中国林业出版社。

United Nations, Department of Economic and Social Affairs, *Statistics Division*, *Statistical Yearbook 2022 edition Sixty-fifth issue*, United Nations, New York, 2022.

FAO. 2020. "World Food and Agriculture-Statistical Yearbook 2020." Rome. https://doi.org/10.4060/cb1329en.

BP. 2022. "Statistical Review of World Energy June 2022. " https：//www. bp. com/en/global/corporate/energy-economics/statistical-review-of-world-energy. html.

国家统计局，2020，《2020 中国统计年鉴》，北京：中国统计出版社。

中国地质矿产信息研究院，1993，各国矿产储量潜在总值。

国家统计局，2016，《2016 中国统计年鉴》，北京：中国统计出版社。

国务院新闻办公室，2021，《人类减贫的中国实践》白皮书，http：//www. scio. gov. cn/gxzt/dtzt/2021/rljpdzgsjbps/。

张雷，杨波，2019，《国家人地关系的资源环境基础》，北京：科学出版社。

张雷，2004，《矿产资源开发与国家工业化——矿产资源消费生命周期理论研究及意义》，北京：商务出版社。

姜树君，王净，2003，《官厅水库水质污染状况及趋势分析》，《北京水利》第 2 期。

当代中国史研究所，2015，《20 世纪 70 年代的环境污染调查与中国环保事业的起步》，http：//www. hprc. org. cn/gsyj/jjs/rkzyyhj/201510/t20151012_347472. html。

黄永泰，1999，《滇池污染状况及其综合治理》，《环境污染与防治》第 4 期。

曲格平，彭近新，2010，《环境觉醒——人类环境会议和中国第一次环境保护会议》，北京：中国环境科学出版社。

甘肃省环境保护研究所大气化学组，1980，《兰州西固区光化学烟雾污染的初步探讨》，《环境科学》第 5 期。

国家统计局工业交通统计司，2001，《中国能源统计年鉴 1997-1999》，北京：中国统计出版社。

FAOSTAT，2023，作物和牲畜产品统计，https：//www. fao. org/faostat/zh/#data/QCL。

中国选矿技术网，2013，我国铜矿及铜消费现状分析，2013-07-15。

杨兵，2013，《中国有色金属矿产对外依存度与资源可供性之辨析》，《矿产勘查》第 1 期。

BP. 2021. Statistical_review_of_world_energy_full_report_2021. https：//maritimecyprus. com/wp-content/uploads/2021/07/Full-report -% E2% 80% 93 – Statistical-Review-of-World-Energy-2021. pdf.

张雷，黄源淅，2013，《国家现代能源供应保障时空协调》，北京：科学出版社。

丁伟，2001，《国土荒漠化现状透视》，《人民日报》6 月 15 日，第 6 版。

国家林业局，2015，《中国荒漠化和沙化土地面积连续 10 年"双缩减"》，http：//www. forestry. gov. cn/portal/zlszz/s/4262/content-832737. html 2015-12-29。

世界资源研究所等，2002，《世界资源报告（2001-2002）》，北京：中国环境出版社。

国土资源部，《2010 国土资源公告》，http：//www. mlr. gov. cn。

中国科学院可持续发展研究组，1999，《1999 中国可持续发展战略报告》，北京：科学出版社。

水利部，2013，《第一次全国水利普查水土保持情况公报》，http：//www. mwr. gov. cn/sj/tjgb/zgstbcgb/201612/t20161222_776093. html。

刘昌明，张学成，2004，《黄河干流实际来水量不断减少的成因分析》，《地理学报》第 3 期。

李有利，傅建利，杨景春等，2001，《黄河水量明显减少对下游河流地貌的影响》，《水土保持研究》第 2 期。

陈霁巍，穆兴民，2000，《黄河断流的态势、成因与科学对策》，《自然资源学报》第 1 期。

李会安，张文鸽，2004，《黄河水资源利用与水权管理》，《中国水利》第 9 期。

水利部黄河水利委员会，2010，《2008 年黄河水资源公报》，http：//www.yellowriver.gov.cn/other/hhgb/。

崔树彬，高玉玲，张绍峰等，1999，《黄河断流的生态影响及对策措施》，《水资源保护》第 4 期。

王颖，张永战，1998，《人类活动与黄河断流及海岸环境影响》，《南京大学学报》（自然科学版）第 3 期。

环保部，2009，《1995 年中国环境状况公报》，http：//www.zhb.gov.cn/gkml/hbb/qt/200910/t20091031_180752.htm。

环保部，2014，《2013 年中国环境状况公报》，http：//www.zhb.gov.cn/hjzl/zghjzkgb/lnzghjzkgb/201605/P020160526564151497131.pdf。

国家统计局，民政部，1995，《中国灾情报告，1949 - 1995》，北京：中国统计出版社。

国家减灾信息中心，2009，《2008 年我国自然灾害的主要特点》，《中国减灾》第 1 期。

民政部，2010，《2009 年全国自然灾害损失情况》，http：//www.mca.gov.cn/article/zwgk/mzyw/201101/20110100130100.shtml，［2010-01-12］。

民政部，2011，《2010 年全国自然灾害损失情况》，http：//www.mca.gov.cn/article/zwgk/mzyw/201101/20110100130100.shtml。

民政部，2012，《2011 年全国自然灾害损失情况》，http：//www.gov.cn/gzdt/2012-01/11/content_2041888.htm。

民政部，2013，《2012 年全国自然灾害损失情况》，http：//www.gov.cn/jrzg/2013-06/19/content_2429561.htm。

民政部，2014，《2013 年全国自然灾害损失情况》，http：//www.gov.cn/gzdt/2014-01/04/content_2559933.htm。

民政部，2015，《2014 年全国自然灾害损失情况》，http：//www.gov.cn/xinwen/2015-01/05/content_2800233.htm。

民政部，2016，《2015 年全国自然灾害损失情况》，http：//www.gov.cn/xinwen/2016-01/11/content_5032082.htm。

骆承政，2006，《中国历史大洪水调查资料汇编》，北京：中国书店。

百度百科，2018，1998 特大洪水，https：//baike.baidu.com/item/1998 特大洪水/8947486。

文玉，2005，《长江流域洪灾回顾》，《中国减灾》第 9 期。

互动百科，2018，1954 年长江特大洪水，http：//www. baike. com/wiki/1954 年长江特大洪水。

百度百科，2023，5·12 汶川地震，https：//baike. baidu. com/iteml/5·12 汶川地震/11042644。

搜狗百科，2018，7·28 唐山大地震，http：//baike. sogou. com/v145122. htm？ fromTitle =唐山大地震。

彭珂珊，彭桦，2008，《二〇〇八年中国罕见的雨雪冰冻灾害危害及防范对策初探》，《调研世界》第 2 期。

第六章　草地开发的意义

人类文明的历史表明，在人类从游猎走向定居的转变过程中，动植物人工驯化的成功起到了关键作用。然而，当环顾整个陆地生态系统时，人们不难发现，与以木本植物为主体的生态群落相比，草本植物不仅分布的地域更广，环境变化的适应能力更强，最为重要的是，在人工驯化方面以草本植物为主体的生态群落（包括草本植物及其猪马牛羊等异养生物种群）不但难度要小得多，而且物种的可选性要大得多。正因如此，作为草本植物的主要栖息地——草地——自然而然地成了人类文明的初始诞生地和最为重要的发育场所。这在人类文明发育之初，特别是在金属工具制造及其大规模使用之前显得尤为突出。

第一节　中国草地资源的分布

中国是世界上的草地资源大国。以面积计算，中国位居澳大利亚和俄罗斯之后，位列全球第3。

与多数国家相同，中国草地资源的分布同样受到地形和气候条件的双重制约。就地形而言，自喜马拉雅运动之后，中国大陆便形成了人们所熟知的西高东低的三级阶梯基本格局的地势。其中，第一级阶梯为青藏高原及邻近区域，海拔高程在4000米以上；第二级阶梯包括我国主要的高原，如内蒙古高原、黄土高原及云贵高原等，海拔高程在1000~2000米；第三级阶梯为我国主要平原，海拔高程在500米以下。

在气候条件方面，受季风气候影响，我国全年降水量的空间分布则形成了从东南沿海地区向西北内陆地区递减的总体格局。其中，我国东南沿海地区年降水量在1600毫米以上；到秦岭—淮河一线附近减至为800毫米；经大兴安岭—阴山—兰州—青藏高原东南部进一步减少到400毫米；自阴山西端—贺兰山—青藏高原中部减少至 200 毫米；再向西时年降水量则只能维持在 200 毫米以下，其中塔里木盆地的年降水量不足 50 毫米。通常以 400 毫米降水等值线将我国划分为湿润地区和干旱地区两大部分。

在上述地形变化和降水条件的共同作用下，我国的自然植被景观总体上可分为以下三大区域。

第一，400 毫米降水等值线的东南地区（包括 400~800 毫米降水等值线地区及大于 800 毫米降水等值线地区）是我国以木本植物为主体的森林主要分布地，其林木类型由北向南依次为针叶林、针阔混交林、落叶阔叶林、常绿阔叶林、季雨林和雨林。

第二，200~400 毫米降水等值线区域大多为我国以适应半干旱气候条件的草本植物为主的生物栖息地，为我国草原的主要分布场所。

第三，200 毫米降水等值线以下地区则因降水稀少，干旱酷热，土壤贫瘠，所以植被稀疏，种类贫乏，为我国耐旱植物分布的荒漠地带。

上述植被的总体分布决定了中国草地资源分布相对集中的基本特征。中国的草地资源主要集中在西部的内蒙古、新疆、青海、四川（川西地区）和西藏 5 个省区。上述 5 省区的陆地面积占全国的比重为 55.0%，但所拥有的草地（天然草场）面积却占到了全国草地总面积的 70.1%，其中可利用草地面积更是占到了全国可利用草地总面积的 89.1%（见表 6-1）。

表 6-1 2020 年中国草地资源省级分布

单位：万 km^2,%

区域	面积	面积占全国	草地面积	草地面积占全国	可利用草地面积	可利用草地面积占全国
内蒙古	118.3	12.4	78.8	20.1	54.2	20.5
四川	48.4	5.1	20.4	5.2	9.7	3.7
青海	72.1	7.5	36.4	9.3	39.5	14.9
新疆	164.7	17.2	57.3	14.6	52.0	19.7
西藏	122.8	12.8	82.1	20.9	80.1	30.3
合计	526.3	55.0	275.0	70.1	235.5	89.1

资料来源：《中国统计年鉴 2022》。

第二节　开发过程

根据考古学界的相关研究，大约在 1 万年前，中国的先民们便开始逐步从游猎的生活方式走向了定居的生活方式（李根蟠等，1985；李元放，1984，1986；谢崇安，1985；李新、李群，2010；李宁，2013）。在这种长期的转变过程中，尽管存在着不同地域定居形态的明显差异，但是也清晰地显示出彼此间所具有的共性。这种共性所展现的正是中国古代农牧业发展数千年来的土地资源开发的基本特征。我们把这种特征大体归纳为草田一体、地域分割、利益交融和生态效应 4 个方面。

一　草田一体

定居方式是人类首次采取的一种主动适应周围环境变化以提高自身社会整体物质（食物）能量供应保障能力的伟大创举。

与地球上其他族群相同，华夏的先民们发现，江河流域中下游的草地才是实现他们生存方式转变的最佳场所。因为这里的地势相对平坦，土地肥沃，水草繁茂，华夏的先民们能够依赖手中的简陋石器工具进行有限的土地资源开发，并且能够成功地实现有效提升驯化动植物产出效率的预期。在此方面，黄河流域中游地区的裴李岗文化、仰韶文化，以及长江流域下游地区的河姆渡文化的考古发掘恰恰证明了这一点。需要指出的是，在农业文明的初始阶段，石器工具的使用和社会组织的原始尚不足以支撑人工驯化的动物与植物进行完全分离，也就是后人所认知的农耕与游牧两大农事产业的分工。因此，在农业文明之初的很长一段时间内，人类土地资源的基本开发方式相对单一。为此，我们可以将这种单一的开发方式称为草田一体的开发模式。之所以有此称谓，其原因有二：第一，用石器工具进行土地开发的能力极为有限，特别是在进行耕地开发的水利工程建设以及对高大乔木为主的土地开发方面更是如此；第二，由于生产水平低下，有限土地的农业产出（包括所有粮食和畜产品）一般仅能维系氏族自身的基本生存，因此尚无力进行与其他氏族或族外的产品交换。

实际上，就是在中国农业文明的发育已经完全实现了农耕与游牧两大产业分离的第一次社会分工阶段之后，为了拓展生存空间，国家的统治者们依然继续秉持草田一体的土地资源开发理念。战国时期，秦国之所以最终能够横扫六国，统一华夏，其关键的原因就在于此。

相关的历史研究文献表明，在立国之初，秦人的生活方式与其他草原游牧部落完全无异（李凤山，1993）。经历了 300 多年的草田一体开发，秦人一方面通过战争吞并了邻国的游牧部族义渠，从而实现了向北扩展自己的牲畜放牧空间；另一方面则通过都江堰和郑国渠等大型水利设施的建设，向南将四川的成都平原和陕西的渭河平原改造成良田万顷、物产丰饶的天府之地。凭借于此，秦国终于在公元前 221 年统一了六国，彻底结束了春秋以来诸侯割据混战的局面，最终建立起了中国历史上第一个封建时代的中央集权国家。

二 地域分割

迄今为止，农业经济始终保持着一种自然经济的本色，其发展必然要受到自然生态系统演化规律的制约。

就整体而言，靠天吃饭从来都是全球农业生产发展的基本宿命。古代社会如此，当今社会亦然。实质上，无论农耕还是游牧，都是人类通过植物种植或动物放养的生产方式从土地资源开发中获取自然物质能量的一种最为重要和最为直接的手段。然而，在土地资源的开发过程中，因气候变化所产生的气温和降水的波动则远远超过了人类对土地开发的控制能力。人们熟知的"有收无收在于水（热），收多收少在于肥（养）"这句中国农谚，再明确无误地表述了农业生产的天然本色这一基本特征。在这种多变的自然环境中，发生在农耕与游牧两大生产活动的地域冲突和发展矛盾始终无法避免。于是，解决这种地域发展冲突和化解土地生产矛盾从来都是中国古代社会历代王朝维系统治的头等大事。处理得当，国家强大，社会稳固；处理不当，政权衰败，甚至灭亡。历史的经验证明，对中国的历代统治者而言，悠悠万事，唯此为大，草田一统，民富国安。

在经历了数千年的开发之后，特别是大规模铁器工具的使用，当发源于长江流域下游的河姆渡文化因遭遇到海水入侵而向北迁移时，北方黄河流域中游的农耕文化则因气候变化而开始向东向南的温湿季风地带持续推进。与此同时，游牧文化则沿着 400 毫米降水等值线向北向西的寒冷和半干旱地区进行着快速扩张。到了秦国统一华夏之时，农耕与游牧两大文化的地域格局已经清晰地跃然于中国的国家版图之上。

为了确保黄河流域中下游地区农耕社会发展的稳定，秦帝国开始在其北部疆界构建纵横万里的长城，以期人为地固化农耕与游牧两大文明的地域分割局面。虽然这一做法也曾为今后多个以农耕为主的中原王朝所效仿，但是统治年限超过 200 年的只有西汉、唐、明、清 4 个王朝。从时间上来看，这 4 个朝代在秦朝至中华民国长达 2264 年的历史中占比仅为 47.3%。实际上，除了西汉和大明两个朝代外，在唐代和清代两个王朝的统治时期，以长城为界所展开的农耕与游牧活动的地域割裂行为已经微不足道，甚至是荡然无存。反之，草田一体的土地资源开发在唐朝与清朝则大行其道。上述情况表明，尽管中国在长期的农业文明发育进程中取得了很大进步，但是仍然无法摆脱气候变化这一自然要素对以草（草场）田（耕地）为主的土地资源开发的严重制约。为了证实这一观点，结合竺可桢先生 1972 年发表的有关中国近五千年来气候变迁的研究，我们对秦代至今的全国常年温度波动与历代王朝疆域面积的变化进行了比较分析。分析的结果表明，在秦汉时期，中国的大气温度曾经上升至顶点，农耕与游牧两大文明在土地利用上的空间博弈也随之此消彼长，发生了剧烈变化。

总体而言，每当气温升高时，以汉族为主体的农耕文明便会向北向西做大范围扩展；反之，每当气温降低时，游牧民族便将其牧场的边界向南向东做大范围推进。如图 6-1 所示，自汉代之后，气温逐年降低，从而引发了中原的大动乱——五胡乱华。东晋之后全国气温开始回升，到隋唐时期，全国处在一个新的温暖时期，此时的农耕王朝再次统一了全国，华夏的农耕文明开始进入一个黄金时代。但是此后的全国气温再次出现快速回落，寒冷干燥的气候在北方地区表现得尤为突出，特别是西北地区，大陆性气候特征越发明显，最显著的就是降雨减少，物候期延迟，且持续时间长达数百年。到宋代时期，全国气温达到了最低点。由于五代十国时期北方游牧民族的频频南侵，北方关中地区的农耕生产日渐凋敝，经济地位快速下降，最终导致宋代以后国家人口重心开始向东南迁移。然而，南方大规模的土地资源开发并未能阻止中原农耕王朝的第一次灭亡。元代之时，全国温度依然处于低值水平，如此使得元朝成了中国历代王朝中维系时间最短的一个政权，只有 89 年。进入明、清时期后，全国气温开始进入新一轮的逐步回升，历史似乎再一次进入了一场新的历史轮回。

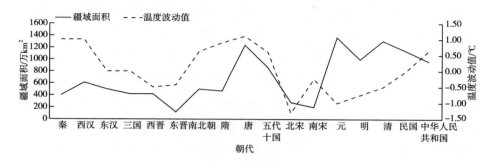

图 6-1　公元前 221～2010 年中国历史温度与封建朝代疆域面积变化

资料来源：竺可桢，1972。

三　利益交融

纵观数千年来的土地开发历程，中国农业文明的发育无疑就是一部农耕与游牧两大社会生产方式长期冲突和融合的历史。从中华民族整体成长的意义上讲，冲突是这部历史演进的一种人为强制行为，融合则是这部历史演进的一种自然进化归宿。之所以有如此认识，一方面，农业文明的兴起虽然意味着人类从此摆脱了原始的野蛮生存方式，但是社会整体却从未摒弃过丛林生存的法则。另一方面，无论农耕还是游牧，都无法从根本上改变人工驯化动植物的天然属性，从而也就无法改变自然环境对地域植被生长规律的支配地位。因此，随着人口数量的增长、生产技术的进步和社会组织的发展，农耕与游牧不同生产方式之间、不同地域和不同民族之间的发展利益最终会融为一体，从而实现五谷丰登、六畜兴旺、国泰民安的社会整体发展诉求。在这方面，清王朝的实践可以成为一例。

作为最末一代封建王朝，清王朝虽然在推动社会改革方面乏善可陈，但是在农耕与游牧两大社会活动的利益融合方面却是中国历代王朝做得最好的一个。与明代时期相比，清代时期的国土面积虽然只增长了 85.0%，却凭借着与明代时期几乎相同的耕地规模（吴宾、党晓虹，2008），养育了 3.8 亿的庞大人口（1820 年，下同），较之明代时期（1600 年，下同）多出 1.58 倍。与此同时，清朝的 GDP 产出占全球的比重也升至 30.0%，与明代时期相比高出了 4.0 个百分点（Maddison A.，2010）。

从地球生物进化的过程来看，物质能量的空间交换始终决定着地表自然生态系统多样化发育的基本状态及其金字塔结构演进的总体特征。作为地表生态系统的重要组成部分，人类社会的农业生产同样要受到自然物质能量空间交换规律的制约和支配。实际上，为了满足人类日益增长的消费需求，农业文明时期也出现了与自然界物质能量交换相同的社会产品地域交换行为，而将这种产品交换行为落地的就是人们现在经常提到的市场。

市场是人们进行各类商品交易的基本场所。更确切地说，市场是人类社会进行物质、能量、信息和人员等交换的最基本和最重要的空间组织形态，因而成了人类社会活动的地域枢纽、节点，乃至地区和国家日常生活的活动中心。

产品或商品交换这种经济行为最早发生在原始共同体（大约发生在原始社会出现第一次社会大分工之前）之间，以物物交换的方式所展开的社会剩余产品交换活动。在此后的三次社会大分工过程中，这种简单的商品交换逐步形成了相对更为成熟的商品经济运行体系，其中最为重要的就是市场和商人社会阶层的出现。为了适应这种自然商品经济的发展，古代的城镇体系应运而生（通常是先有市，然后建城和建镇），并迅即成为地区和国家维系社会整体稳定的最佳空间组织形态。

更为重要的是，随着以丈量社会产品剩余价值为目的的特殊商品——货币的出现，商品的等价交换不仅极大地激发了人类社会的生产潜能，而且极大地提升了人类社会组织的管理效率。实际上，在农业文明时期，从松散的城邦社会管理到严格的帝国郡县体制，都是建立在以商品等价交换为前提的市场发育基础之上。与此同时，城邦社会和帝国郡县体制的出现则为当时社会的商品交换发展和市场经济的发展提供了可靠和稳定的社会保障。中国古代史学家司马迁曾在《史记》中描述的"天下熙熙，皆为利来；天下攘攘，皆为利往"，恰恰是 2000 多年以来汉、唐、宋及明、清等朝代帝国商品经济发展的真实写照。北宋画家张择端的《清明上河图》则以艺术的方式再现了 1000 多年前中国农业文明时期的市场活跃场景。

尽管如此，农业文明时期的商品经济长期保持着鲜明的小农商品经济（又称简单商品经济）特色。它以个体农副产品生产和手工业劳动为基础，生产规模小，劳动生产率低，商品交易品种单一且数量少，社会生产的主要目的是换取有限需要的使用价值，因而市场的规模小，地域的局限性大，在农业文明自给自足的社会经济发展中处于从属地位。这正是为什么中国历代王朝始终遵从"重农轻商"的国家发展理念的一个重要原因。然而在实际上，小商品经济从未缺席过中国农业文明的发展，且所做出的实际贡献远超过人们的认知范围。在此方面，古代丝绸之路的开辟和建设就是一个很好的例证。

自汉代武帝时期张骞成功出使西域之后，中原农耕经济与西域草原游牧经济从此实现了商业、人员和文化的长期往来。其中，在长期的交往过程中，中国先进的农耕文明远播到中亚乃至欧洲，其中以丝绸、茶叶、糖料、蚕丝、瓷器和纸张为代表的生活物资商品以及火药、指南针、造纸术和活版印刷术四大古代发明为代表的实用技术的西域输出，不仅丰富了沿线地区民众的生活，甚至改变了欧洲地区乃至全球人类文明发展的进程（主要指的是近代欧洲对火药、造纸术、印刷术和指南针的技术再开发）。与此同时，西域商品的输入，如小麦、高粱、玉米、土豆、花生、棉花、薯类及各类蔬菜等农副产品的输入，不仅极大地改善了中原农业的生产规模和产品结构，而且极大地丰富了中国人的口味，并刺激了国家人口的快速增长。试想，如果没有万里行程上的广袤草原分布（亚欧大平原）作为支撑，如果没有众多骡马、骆驼等大型食草牲畜的长途艰辛载运，丝绸之路长期的商品、人员与文化交流如何得以维持和发展？同样地，失去了中国四大发明的技术支撑，欧洲乃至全球的人文发育进程又将何以推进到今日的状态？

四　生态效应

经历了长期的农耕与游牧两大生产方式碰撞和融合之后，中国农业文明的发展达到了极致。与此同时，中国的土地资源开发也达到了极致。实际上，长期的土地开发扩张所产生的生态效应是明显的，其中表现得最为突出的就是草地的退化，尤其是在明清时期。在此方面，地处西北的毛乌素沙地的形成最具代表意义。

毛乌素沙地位于陕西省榆林地区和内蒙古自治区鄂尔多斯市之间，是中国的四大沙地之一，面积达 4.22 万平方公里，年降水量 250～440 毫米。汉唐时期，毛乌素沙地曾是北方匈奴民族的政治和经济中心。当时的毛乌素草滩广大，河水澄清，水草肥美，风光宜人，是很好的牧场。此后，由于过度开垦、气候变迁和战乱频繁，当地植被丧失殆尽，就地起沙，至明清时已形成了茫茫大漠。中华人民共和国成立初期，毛乌素沙地的植被覆盖率只剩下0.9%左右，有120万亩以上的农田和牧场被流沙吞没，多达400多个村庄被风沙侵袭以致掩埋，每年流入黄河的泥沙量就超过了5亿多吨，占黄河全年输沙量的30.0%以上。

毛乌素沙地的形成向人们揭示了这样一个事实：自春秋战国以来，经历了上千年的土地大规模开发，以黄河干流为中心的中国农业文明发展开始面临日趋恶化的生态挑战。这种生态恶化的挑战主要来自黄河干流中西部与北部边缘地带的传统牧场退化。造成这种生态挑战的主要原因除了上述提及的气候条件变化外，就是当地人口的增长。

根据历史地理学家们的研究，春秋战国时期（公元前500年），全国人口总数大约在1200万人，其中超过3/2的人口分布在黄河与长江两大流域干流（中下游，下同）地区。在两大流域中，居住于黄河干流地区的人口为630余万，占全国的比重为56.0%；生活在长江流域的人口则不足125万，占全国比重仅为11.0%。

经历了500多年的群雄割据，秦汉时期，华夏再次实现一统。到西汉末年（公元2年），全国的人口规模已经接近5800万，较之春秋战国时期的人口增长了3.8倍。与春秋战国时期相比，尽管西汉时期两大流域人口占全国的比重并未发生重大变化，其中黄河干流地区的比重依然保持在56.0%，长江干流地区的比重有所上升，为20.0%。但从人口数量的增长规模看，黄河干流地区的人口净增数量几乎达到了2600万，约为同期长江干流地区人口净增数量的2.5倍。此种情况表明，汉代时期中国土地资源开发的重心依然集中在黄河干流地区，农业生产发展的竞争中心依然在黄河干流地区。以当时的生产技术看（亩产粮食为100斤左右），如此人口规模已使得黄河干流地区土地的承载力达到了极限。若是天公作美，当地的粮食生产尚可维持；一旦天公不作美，当地的粮食生产则会崩溃。汉朝之后，因气候变冷，黄河干流地区天灾人祸不断，至唐王朝建立之初，黄河干流地区的人口数量较之西汉末期减少了近1210万，在全国人口总量的占比则降至不足40.0%。与之相比，长江干流地区的人口数量则增长了750万，在全国人口总量的占比则上升至近38.0%。此后寒冷的气候继续主宰着整个华夏地区长达上千年，其中在北宋时期全国气温达到了最低点（见图6-3）。受此影响，黄河干流地区占全国人口的比重进一步降至28.0%以下的水平。到了最末一代封建王朝清朝，这一比重虽有回升，但也只能维持在30.0%的水平上。反观长江干流地区，其占全国人口的比重在北宋时期已经接近49.0%的水平，此后虽有所波动，但基本上保持在45.0%~48.0%（见图6-2）。

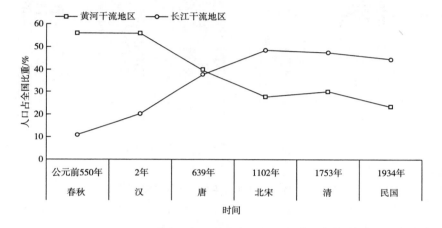

图6-2　各代表朝代黄河干流与长江干流人口占全国比重变化

注：1. 黄河干流地区包括了山西、内蒙古、山东、河南、陕西、甘肃、青海和宁夏8个省、自治区；

　　2. 长江干流地区包括了上海、江苏、浙江、安徽、江西、湖北、湖南、重庆和四川9个省区市。

资料来源：胡焕庸、张善余，1984；Zhang Lei，2004。

　　1949年中华人民共和国成立之后，国家面临着战后经济恢复和工业化推进的繁重任务。为了应对西方霸权势力的全面封锁，中国不得不通过耕地规模扩大的手段来实现社会生活的稳定和工业化初级阶段原始资本积累的基本目标。

　　数据分析显示，自第一个五年计划（1953~1957年）开始，中国加大了耕地开发规模，到第四个五年计划（1971~1975年）末，全国耕地面积增长了25.6%。在此期间，东北三省和蒙藏及西北五省（区）占全国耕地总面积的比重分别增长了 3.3 个百分点和 2.2 个百分点；相比之下，华北五省（区、市）和南方十五省（区、市）所占比重则分别下降了 3.8 个百分点和 1.7 个百分点（见图 6-3）。

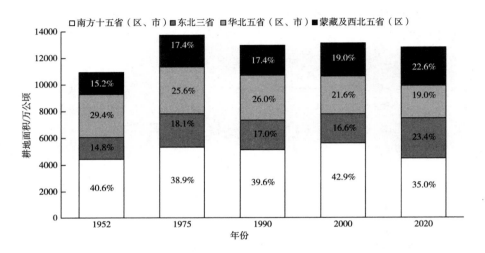

图 6-3　1952~2020 年中国耕地开发区域变化

注：1. 南方十五省（区、市）包括：上海、江苏、浙江、安徽、福建、江西、湖北、湖南、广东、广西、海南、重庆、四川、贵州和云南；

2. 东北三省包括：辽宁、吉林和黑龙江；

3. 蒙藏及西北五省（区）包括：内蒙古、西藏、陕西、甘肃、青海、宁夏和新疆。

资料来源：历年《中国统计年鉴》。

改革开放以来，全国耕地面积开始呈现明显下降趋势。到 2020 年，全国耕地面积较之 1975 年下降了 6.8 个百分点。尽管如此，在此期间，东北三省和蒙藏及西北五省（区）占全国耕地总面积的比重依然分别增长了 5.3 个百分点和 5.2 个百分点；华北五省（区、市）和南方十五省（区、市）所占比重则分别再次下降了 6.6 个百分点和 3.8 个百分点。

耕地扩张的区域差异最终导致全国粮食生产的空间差异变化。

中华人民共和国成立之初，全国粮食的 58.0% 和 21.9% 分别产自南方十五省（区、市）和华北五省（区、市），余下约 1/5 的粮食产量出自东北三省和蒙藏及西北五省（区）。到 1975 年，情况稍有变化。在此一阶段，较 1952 年华北五省（区、市）和蒙藏及西北五省（区）所占比重略有增长，东北三省和南方十五省（区、市）则出现小幅下降（见图 6-4）。到 2020 年，情况完全明朗。与 1975 年相比，除南方十五省（区、市）粮食产量占全国的比重下降了 16.4 个百分点外，东北三省、蒙藏及西北五省（区）和华北五省（区、市）占全国粮食产量的比重则分别提高了 8.7 个百分点、4.1 个百分点和 3.5 个百分点。

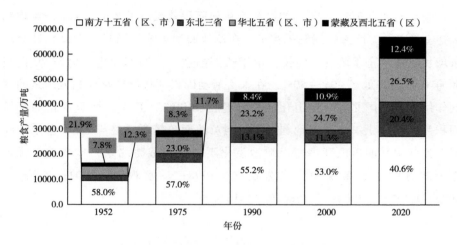

图 6-4 1952~2020 年中国粮食生产区域变化

资料来源：历年《中国统计年鉴》。

然而，上述耕地面积扩张和粮食产量增长主要区域的自然条件并不十分理想，特别是蒙藏及西北五省（区）。由于这一地区处于全国 400 毫米等值线以下的干旱区和半干旱区，因此任何过度的土地资源开发活动都会产生严重的生态后果。这种生态后果主要体现在土地荒漠化和流域水环境破坏两个方面。

首先，荒漠化产生土地退化。相关资料显示，20 世纪 50 年代，我国土地荒漠化面积以 1560km²/a 的速度扩展，80 年代的扩张速度达到了 2100km²/a，90 年代则进一步升至 2460km²/a（丁伟，2001）。与此相应，中国北方强沙尘暴天气的发生次数也由 50 年代的 5 次发展到 90 年代的 23 次。进一步分析表明，在全国土地荒漠化过程中，土地的沙化起着主导作用。20世纪50年代，全国沙化土地的面积约为160.0余万km²，占荒漠化土地总面积的比重为64.3%。到了70年代，全国沙化土地的面积增至163.5万km²，占荒漠化土地总面积的比重也随之超过了65.0%。到2000年，全国沙化土地扩展达到顶峰，面积超过了174.0万km²，占荒漠化土地总面积的比重更是上升至67.0%（见图6-5）。更为重要的是，上述土地沙化面积的95.0%以上均发生在蒙藏与西北五省（区）。如此大规模的土地沙化的扩展对当地草地资源基础造成了严重的侵蚀。例如，仅在1996~2005年，蒙藏与西北五省（区）的可利用草地面积就减少了2.1万km²，年均减幅达2100km²。严重的问题还在于，在草地面积萎缩的同时，人口和社会需求增长致使草畜矛盾日益尖锐，由于长期超载，全国草原生产力较20世纪50年代普遍降低了30%~50%。在人文活动因素与气候变化和其他因素的共同作用下，我国北方草原退化面积已经占到90%，其中，严重退化的草原面积为50%以上。如此土地利用从绿到黄的颜色转变最终导致21世纪初我国北方沙尘暴的再度肆虐，土地沙漠化不仅直接威胁北京，也严重干扰了整个北方的生态系统稳定（朱震达，1998；马永欢等，2003；王涛等，2003；郭然等，2004；张新时等，2016）。

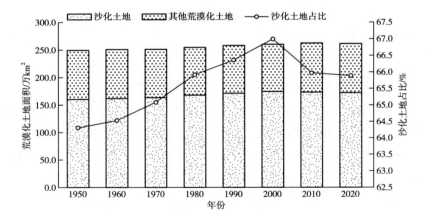

图6-5 1950~2020年中国土地荒漠化演变进程

资料来源：丁伟，2001；昝国盛等，2023；历年《中国荒漠化和沙化状况公报》。

其次，流域水环境破坏。在此方面，除了第五章中提及的黄河断流，青海三江源水环境变化同样具有说服力。

三江源地区位于青海省南部，地处青藏高原腹地，是长江、黄河、澜沧江三大河流的发源地，素有"中华水塔"之称。三江源地区包括玉树、果洛、海南、黄南藏族自治州的 21 个县和格尔木市的唐古拉山镇，总面积为 39.6 万 km²。该地区地貌以山原和峡谷地貌为主，地形复杂，年均气温为 -5.6℃ ~ 7.8℃，年降水量为 262.2 ~ 772.8mm，多年平均径流量约为 500 亿 m³，其中，长江、黄河和澜沧江 3 条河流的径流量分别占河流径流总量的 25%、49% 和 15%。草场生态系统是三江源地区最主要的生态系统类型，广泛分布于三江源地区，其分布面积占三江源地区总面积的 65.37%。自 20 世纪 50 年代以来，随着牧业的发展，草场生态退化明显加剧。统计数据显示，1952 ~ 1990 年，青海草场载畜总量增长了 1.38 倍，实际超载率为 26.0%。作为青海的重要牧业基地，长期超载加大了三江源地区草场退化的趋势。相关研究表明，到 2000 年三江源地区中度以上退化草场面积已达 0.12 亿 hm²，占本区可利用草场面积的 58%。与 50 年代相比，草场单位面积产草量下降 30% ~ 50%，草地植被盖度减少 15% ~ 25%。受此影响，三江源区湿地生态系统也出现了明显的退化，湖泊水位下降、面积萎缩，河流出现断流及沼泽湿地退化等。例如，黄河源区 20 世纪 80 年代初沼泽面积约在 3900km²，90 年代面积则减至不足 3250km²，每年约递减 59km²。长江源区许多山麓及山前坡地上的沼泽湿地已停止发育，部分地段出现沼泽泥炭地干燥裸露的现象（刘纪远等，2008；徐新良等，2008；邵全琴等，2010；杜加强等，2016；蒋冲等，2017；张颖等，2017）。

进入 21 世纪以来，中国加大了生态治理的投入力度，因过度开发而造成土地退化的局面开始得到了初步遏制。例如，2005 年以来中国土地荒漠化的恶化趋势开始受到总体遏制。到 2019 年全国荒漠化和沙化土地持续呈现逆转趋势，首次实现了所有调查省份荒漠化和沙化土地"双逆转"（张雷、杨波，2019；崔桂鹏等，2023）。与 1999 年相比，全国荒漠化土地面积减少 10 万余 km²，其中沙化土地面积减少 5.5 万余 km²，实现连续 20 年"缩减"。然而，面对占国土总面积达 27.0% 的荒漠化土地，中国土地资源开发环境的改善任重道远，其中草地资源基础的夯实任务显得尤为重要。

第三节　资源再开发

中国农耕文明长达上万年，其间虽然几经沧海桑田、制度变迁和朝代更迭，但是凭借着对土地资源开发的执着，最终成功地迈入工业文明时代。

与西方工业化的先导国家不同，中国工业化的成功推进没有通过域外土地资源的血腥开发和资本的野蛮攫取，而是完全建立在本国的资源环境基础之上。

在国家工业化的初期阶段，除了继续秉持农业文明时期"粮安天下"的土地资源开发传统理念之外，中国加大了本国能源与矿产的投入力度。改革开放以来，国内资源换环境的投入力度持续增大。但是受资源环境开发的极化效应制约，在工业化和城镇化方面取得巨大进步的同时，中国也面临着土地供给不足、粮食增长乏力、淡水资源短缺、能源矿产进口增大和大气环境恶化等一系列生存和发展问题的挑战，并最终导致国家人地关系开始进入全面紧张阶段（详见第五章）。有鉴于此，自 21 世纪以来，中国开始了新一轮的全国土地资源开发重组，以期通过生态系统的全面恢复，实现国家人地关系的和谐发展。

与此前的同类任务相比，此次土地资源开发重组不仅涉及国土全域，而且目标明确：利用提质和荒漠增绿。

一　国土全域

陆地生态系统最大的特点之一就是"有容乃大"和"多样生聚"。全球如此，国家亦如此。中国政府近年来提出"山水林田湖草沙"综合治理的理念，恰恰源于对本国陆地生态系统组成的整体科学认知和国家人地关系基本走向总体趋势的判断。

实际上自 20 世纪 50 年代开始，中国就已经认识到国家生态改善的重要性和必要性。然而受当时国家实力和内外发展环境的影响，中国政府只能将这种认识落实到局部地区和少数相关领域。例如，20 世纪 60 年代开始建设的河北塞罕坝林场，以及 70 年代末开工且持续至今的三北防护林工程。可以看出，此一阶段中国的生态恢复工作重心还是集中于北方局地的林业系统建设方面。1998 年长江、嫩江和松花江等流域特大洪水后，中国开始以流域治理为中心的退耕还林（草）工程建设，以期恢复全国流域中上游地区的生态防护屏障。进入 21 世纪后，北方地区频发的沙尘暴、全国城市区域日趋严重的雾霾天气以及辽河、海河、淮河、太湖、巢湖和滇池三河三湖水质的全面恶化，最终促使高层下决心对国家整体生态系统进行全面的修复。这既是"山水林田湖草沙"综合治理理念提出的历史背景，也是"山水林田湖草沙"综合治理理念提出的基本诉求。具体而言，就是在分区（地区）不分家和分工（领域）不分家的基础上，久久为功，展开全方位、全地域和全过程的生态文明建设，以此构建国家人类命运共同体，实现美丽中国的发展愿景。长期实践表明，欲达成此目标，其关键在于土地利用的质量提升和绿色开发（覆被）规模的扩大。

二　利用提质

迄今为止，产出效率的提升始终是人类土地利用长期追求的基本目标。农业文明时期，土地的粮食生产、农副产品收获与牧业养殖始终是百姓生活和社会财富最重要的物质来源。由于此一阶段的社会生产几乎完全处于自然状态，因此土地利用的产出效率极为低下，且没有稳定性。例如，1～1900 年，全国人口增长了 6.1 倍，耕地面积增长了 1.8 倍，人均 GDP（按不变价美元计算）增长了 0.2 倍，但是百姓的人均粮食产量却下降了20.0%。考虑到在人为直接干预（如水利设施建设投入）的情况下，耕地的产出效率尚且如此低下，那么几乎没有人为干预的草地利用产出效率的水平便可想而知了。需要指出的是，在资源环境开发的极化效应下，农业文明时期的耕地规模扩张，还是加剧了全国土地风化的程度，例如前述提及的陕西与内蒙古交界的毛乌素沙地。

进入国家工业化和城镇化进程以来，全国土地利用结构日趋多样。随着现代制造业、服务业的快速发展和城镇规模的急剧扩张，全国土地的物质能量产出压力承载急剧上升，并最终导致国家土地的整体产出效率发生扭曲。一方面，社会财富积累和城镇化水平始终保持高速增长的态势。1952～2020 年，中国的 GDP（按 1952 年不变价计算，下同）增长了 188 倍之多，人均 GDP 增长了 76 倍；城镇化人口增长了 11.6 倍，人口城镇化率则提升了 53.2 个百分点，达到了 63.9%。另一方面，随着社会经济的快速发展，资源环境基础的损耗也日趋严重。例如，仅在 1978～2008 年，全国湿地的面积就消失了近 1/3（牛振国等，2012）。据报道，作为千湖之省的湖北，其所在地的江汉平原湖泊数量在 1950～2000 年就减少了 370 多个。相应地，湿地面积减少了 4700 多 km^2（张毅等，2010）。与此同时，因大规模的矿物燃料使用，1952～2015 年我国的碳排放增加了 48 倍余，如此大大增加了国家土地植被的碳中和压力。

显然，从实现中华民族百年复兴的梦想计，从满足百姓对美好家园建设的追求计，中国亟须大力推进生态系统的全面修复，为未来国家和社会的持续发展奠定一个更为坚实的资源环境基础，特别是在土地利用方面。正因如此，目前中国已经开展了一系列旨在提升土地利用效率的重大工程项目建设，以确保国家在诸如粮食等关键物资的供应稳定和土地覆被状况的持续改善。在这些重大工程项目中，高标准农田的建设最具典型意义。

高标准农田的国家定义是与现代农业生产和经营方式相适应的旱涝保收、高产稳产、生态良好和集中连片的永久性耕地，是国家实施"藏粮于地"战略的基本手段和途径。通过这类工程建设，国家粮食的持续增长从此获得了一个可靠的资源基础。目前我国拥有的高标准农田面积已经超过 10 亿亩，占全国现有耕地总面积的 52.0% 以上。正是因为有了高标准农田的保障，2020 年我国单位播种面积的粮食产量较之 2000 年大幅提升了 17.2%。若按照 2000 年的粮食单产计算，相当于全国 10 年间增加了 2320 万 hm^2 的耕地面积。

遗憾的是，尽管草地在国家长期的农业文明发展过程中发挥过无可取代的重要作用，且目前在全国土地利用中的比重占到了 28.0%，但是因物微体轻，在国家现代土地利用空间重组的过程中，草地质量的提升却很少被人提及，至少在工程投入方面是如此。对推进国家生态系统全面修复和提升全国土地利用的整体产出质量而言，此种认识的缺位显然会带来极为不利的影响。

具体到中国草地再开发的利用提质，关键在于有效提升现有可利用草场的覆被质量，或者说是提高草地牧草的产出水平。目前，这一做法所面临的最大挑战依然是来自全国存在已久的草地放牧超载。

客观地讲，由于所处的地理环境不佳，在整个国家农业生产系统中，草场放牧对天公（大自然）的行为变化具有更高的敏感性。相较于拥有良好灌溉系统配套的农田作物种植，草场放牧更需依天而行、仰天而动。在农业文明时期，当天公不作美时，草地的放牧作业要么主动寻求扩大新的放牧空间，要么被动承受牧群规模的大幅缩减。进入工业文明时期以来，随着生产技术的进步，草地放牧的环境虽然发生了一定变化，但依然无法从根本上摆脱自然气候变化对其生产发展的基本制约。此种环境下，牧民们只能秉持多畜多福的基本认知，依靠提高牧群放养规模的方式来实现家庭和社会收入的增长预期。然而，这种超载放牧的做法对草地生态质量的稳定和提升产生了极大的破坏作用。相关数据显示，20世纪50~70年代，中国的草地载畜水平每公顷约为2.2个羊单位，仅及全球均值水平的98.0%左右。但是自80年代开始，中国草地的载畜水平开始呈现快速提升，到2000年已达到每公顷约为3.8个羊单位，超出全球均值水平51.3%（见图6-6）。如此草地载畜水平的快速提升最终引发中国草场的全面退化，以致到20世纪末退化草地的面积已占到全国草地总面积的90%左右（潘庆民等，2021）。可喜的是，进入21世纪以来，中国加大了对草地放牧超载的管理控制力度。到2020年时，中国的草地载畜水平已经降回到每公顷约为3.1个羊单位，大体回到了20世纪80年代初的水平，与当年（2020年）全球均值水平基本持平。

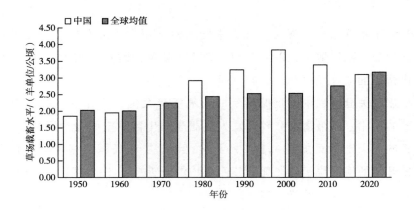

图6-6　1950~2020年中国与全球草地牧业承载变化

资料来源：历年《中国统计年鉴》；FAO，2020。

除草地放牧超载问题的治理外，最符合现代草地资源开发质量提升的手段就是努力推进人工草场的建设。

与天然草地相比,人工草地是在水源条件相对较好的草原上采用农业技术措施经过人工培育而成的牧场。由于人工草地种植的牧草品质较好,产草量比天然草地高 3~5 倍,可以大大缓解天然草场的过载放牧压力。因此,在现代草地资源开发中,人工草地占草地总面积比重的大小已经成为衡量国家或地区草地畜牧业生产力水平高低的一个重要标志。目前,欧美各国的人工草地面积约占各国草地总面积的 10%。目前我国的人工草地占天然草原总面积的比重尚不足 1.0%,未来开发潜力十分可观。

更为重要的是,自 20 世纪 90 年代中后期以来,我国牧草产业快速兴起,已经初步形成了集种子繁育、牧草种植、产品加工、贮运和销售等各环节于一体的产业链。这一牧草产业链条的建立与发展将极为有益于我国草地畜牧业发展,特别是肉类和奶类等产品质量的大幅提升。根据农业部门的报道,2020 年我国的牧草种植面积已经达到近 280 万 hm^2,黑麦草和苜蓿等饲草的产量约 3200 万吨(按干重计。农业农村部,2020)。尽管如此,当年我国还是花费了 4.9 亿美元,从国外市场进口了近 140 万吨的牧草,以弥补国内市场饲草供给的不足。显然,在此方面,我国人工牧草产业的发展还有很大的提升空间。

三 荒漠增绿

从生态系统修复的现实出发,中国土地利用质量提升的首要任务在于增绿,即最大限度地扩大以草地和林地为主体的土地覆被程度,为 14 亿人口提供稳定的适宜生存和发展的空间。

根据相关分析,中国是世界上的土地资源大国,但在气候和地形等自然要素的作用下,最适宜和较适宜人类居住和生活的空间在中国的东南部,其面积约占国土总面积的 42.2%;干旱、半干旱和高原高寒等不适宜人类大规模开发的地区位于西北部,其面积约占国土总面积的 57.8%(胡焕庸,1935,1987;张雷、杨波,2019)。

在农业文明之前,中国的东南部是以乔木为主的植被覆被区,西北部则是以草本植物和食草动物为主的栖息地。当时全国的植被覆盖率高达85.0% 左右,其中东南部的森林覆盖率更是高达 90.0% 左右。进入农业文明时期后,经历了数千年的大规模土地资源开发,当粮食作物的耕种空间扩展至整个东南部地区后,这里的森林覆盖率则急剧降至不足 15.0%;西北部地区则集中了全国 90.0% 以上的草地。在农业文明初期，这里的草地覆盖度也曾超过了 50.0%。但是自 20 世纪 80 年代开始，西北部的草地出现大规模的退化，到 20 世纪末，退化草地已占到草原总面积的 90% 左右（潘庆民等，2021）。到 21 世纪初，西北部地区的草地覆盖度减少了约 14.2 个百分点。

从人文社会的发展看，农耕与游牧两大文明的冲突和融合始终贯穿于中国农业文明的整体发育进程。随着科学技术的进步，日益扩大的社会产出效率差异决定了农耕文明在全国土地利用中的主宰地位，从而决定了东南部地区在国家兴衰和朝代更迭进程中的核心地位。

从国家生态系统的整体发育来看，草地资源开发在华夏文明进步中的作用不仅没有缺席，而且随着人文社会的快速进步而显得日益重要了。20 世纪 90 年代末发生于我国北方的强沙尘暴以及此前发生于美国和苏联的"黑风暴"，再明确不过地证实了这一点。试想，如果失去了西北地区广袤草原的生态屏障保护，中国东南地区的农耕文明何以能够延续数千年而不绝？更确切地讲，即便在丧失了东南部地区大面积林地庇护的环境下，中华文明依然能够延续至今，不正是因为有了西北部地区无垠草地的存在吗？

中国目前仍有近 27.0% 的国土面积为荒漠化地区（昝国盛等，2023；崔桂鹏等，2023），这些荒漠化地区既是国家整体生态系统修复的最大难点所在，也是国家绿色发展目标最可倚重的稳定增长空间所在。因此，如何有效地发挥草本植物生命力强、环境适应性广和异养生物种群多样的基本特征，最大限度地结合国家植树造林和清洁能源建设等工程，大力扩展干旱和半干旱地区的种草植树面积，使之能够充分发挥草地在水源涵养、土壤改良、防风固沙、生物保护、碳汇增长及养畜放养等方面多样性的生态功能，实为利国利民的百年大计、千年大计。

客观地讲，中国未来荒漠增绿的进程虽然面临诸多挑战，如气候变化的不确定性以及社会科学认知不足所产生的资金、技术和人才等服务的缺位，但是仍有持续推进的有利条件。

其一，良好的人文社会基础。中华文明之所以经久不衰，延续数千年至今不绝，其中最为重要的原因在于拥有一个良好的人文社会基础。在此方面，中国工业化以来的土地荒漠化治理再一次地证明了这一点。

地处腾格里沙漠南缘甘肃省古浪县的八步沙林场，曾是一个风沙肆虐、村庄和农田为沙吞噬、百姓生活苦沙久矣之地。为保护家园，自20世纪80年代初以来，郭朝明、贺发林、石满、罗元奎、程海、张润元6位村民，义无反顾挺进八步沙，以联产承包的形式自发组建起集体林场，承包了7.5万亩流沙进行治理。到20世纪90年代，6位治沙先人的后代又陆续接过父辈们的铁锹，成了第二代治沙人。2017年，郭朝明的孙子郭玺加入林场，成为第三代治沙人。40多年来，以"六老汉"为代表的八步沙林场三代职工，矢志不渝、拼搏奉献，科学治沙、绿色发展，持之以恒地推进治沙植草和造林事业，至今完成治沙种草造林28.7万亩，封沙育草（林）的面积达43.0万亩（见图6-7），谱写了中国现代"愚公"的伟大新篇章。

图6-7　沙化治理后的八步沙林场

实际上，奋战在千里治沙一线的英雄们何止千万，例如陕西榆林的石光银、内蒙古乌审旗的宝日勒岱、甘肃省民勤的石述柱等。

其二，有利的气候环境变化。水利部公布的数据显示，2001~2020年，受全球气候变化的影响，我国的年均降水量达到了647.0mm，较以往多年均值水平高出4.24%。同样，根据中国气候变化中心2022年发布的《中国气候变化蓝皮书（2022）》，20世纪初以来中国的气温明显升高，2021年，中国地表平均气温较常年值偏高0.97℃，为1901年以来的最高值。这种气温升高的趋势，与图6-3中所呈现的中国气候历史长周期的变化规律极为吻合。受气候变化的影响，1961~2021年，中国平均年降水量呈增加趋势，平均每10年增加5.5毫米，特别是自2012年以来年降水量持续偏多（中国气候变化中心，2022）。按照此种气候变化趋势，未来中国很可能处在一个气温上升期，全年降水量也因而随之增多。如果充分把握这一气候变化的有利机遇，大力推进全国特别是西部地区荒漠化和沙化土地的治理，极有可能取得事半功倍的荒漠增绿效果。

其三，持续推进清洁能源工程建设。为了实现 2030 年的"碳达峰"和 2060 年的"碳中和"预期目标，中国不断加大对清洁能源工程建设的投入。积极结合国家西北部地区的清洁能源特别是光伏电站的工程建设，也就是被人们称为"板上发电，板下修复，板间植草"或"板上发电，板下植草，板间放牧"的治沙新模式，应成为未来全国荒漠增绿发展战略的基本任务和方向。

根据我们的初步分析，以目前干旱和半干旱地区的集中式光伏电站建设的规模计算，仅通过光伏牧场的开发模式（见图 6-8），每年就可以使我国西北部地区的荒漠化土地减少约 320km²，新增发电 165 亿度，养殖牧羊约 4.3 万只，牧草约 6.3 万吨。若考虑到这种光伏牧场方式与植草种树等荒漠化土地的治理方式相结合，全国荒漠化增绿的前景可期，全国生态系统的全面修复可期。

图 6-8 2022 年青海海南州塔拉滩光伏牧场产业园

第四节　结论

我国的草原形成于百万年前，其开发利用的历史可以上溯到新石器时代。草地资源的开发利用不仅成就了早期的中华文明，并且支撑着其发育延续至今。

受内外发展环境的影响，20 世纪 50 年代以来我国加大了土地资源的开发力度，以增大国家工业化和城镇化发展所需的物质能源供应保障，其结果是造成草地生态系统的大幅退化。

进入 21 世纪以来，中国的现代化开始转向国家人地关系和谐的发展方向。在这一发展进程中，资源环境消耗的减量和生态承载能力的增量成为核心任务。为此，国家展开了"山水林田湖草沙"的全要素土地利用空间重组，其中草地生态系统的规模扩展和质量提升成了荒漠化特别是沙化土地治理和国土全面增绿的关键所在。

参考文献

杨波，2012，《中国人地关系演进的资源环境基础：水土两大要素的分析》，中国科学院地理科学与资源研究所博士学位论文。

李根蟠等，1985，《原始畜牧业起源和发展若干问题的探索》，《农业考古》第 1 期。

李元放，1984，《中国古代的畜牧业经济》，《农业考古》第 2 期。

李元放，1986，《中国古代的畜牧业经济（续）》，《农业考古》第 1 期。

谢崇安，1985，《中国原始畜牧的起源和发展》，《农业考古》第 1 期。

胡火金，2003，《中国古代农业社会经济与农业文化的构建》，《农业考古》第 3 期。

李新，李群，2010，《试论中国古代的"农牧结合"》，《农业考古》第 1 期。

李宁，2013，《从远古到现代的中国畜牧业发展历程及启迪》，《中国家禽》第 21 期。

李凤山，1993，《长城带民族融合史略》，《中央民族学院学报》第 1 期。

竺可桢，1972，《中国近五千年来气候变迁的初步研究》，《考古学报》第 1 期。

吴宾，党晓虹，2008，《论中国古代粮食安全问题及其影响因素》，《中国农史》第 1 期。

Maddison A. 2010. "Historical Statistics of the World Economy：1-2008 AD." http：//

www. ggdc. net/MADDISON/oriindex. htm.

胡焕庸，张善余，1984，《中国人口地理（上册）》，北京：华东师范大学出版社。

Zhang Lei. 2004. " Economic Development and Land-Use Conversion in the Main Course Area of the Yangtze River Basin. " *Geocarrefour*, 79（1）：13-17.

丁伟，2001，《国土荒漠化现状透视》，《人民日报》6 月 15 日。

生态环境部，2022，《2021 中国生态环境状态公报》，https：//www. gov. cn/xinwen/2022-05/28/content_5692799. htm.

朱震达，1998，《中国土地荒漠化的概念、成因与防治》，《第四纪研究》第 2 期。

马永欢，樊胜岳，姜德娟等，2003，《我国北方土地荒漠化成因与草业发展研究》，《干旱区研究》第 3 期。

王涛，吴薇，薛娴等，2003，《我国北方土地沙漠化演变趋势分析》，《中国沙漠》第 3 期。

郭然，王效科，欧阳志云等，2004，《中国土地沙漠化、水土流失和盐渍化的原因和驱动力：总体分析》，《自然资源学报》第 1 期。

张新时，唐海萍，董孝斌等，2016，《中国草原的困境及其转型》，《科学通报》第 2 期。

昝国盛，王翠萍，李锋等，2023，《第六次全国荒漠化和沙化调查主要结果及分析》，《林业资源管理》第 1 期。

刘纪远，徐新良，邵全琴，2008，《近 30 年来青海三江源地区草地退化的时空特征》，《地理学报》第 4 期。

徐新良，刘纪远，邵全琴等，2008，《30 年来青海三江源生态系统格局和空间结构动态变化》，《地理研究》第 4 期。

邵全琴，赵志平，刘纪远等，2010，《近 30 年来三江源地区土地覆被与宏观生态变化特征》，《地理研究》第 8 期。

杜加强，贾尔恒，阿哈提，赵晨曦等，2016，《三江源区近 30 年植被生长动态变化特征分析》，《草业学报》第 1 期。

蒋冲，王德旺，罗上华等，2017，《三江源区生态系统状况变化及其成因》，《环境科学研究》第 1 期。

张颖，章超斌，王钊齐等，2017，《气候变化与人为活动对三江源草地生产力影响的定量研究》，《草业学报》第 5 期。

崔桂鹏，肖春蕾，雷加强等，2023，《大国治理：中国荒漠化防治的战略选择与未来愿景》，《中国科学院院刊》第 7 期。

张雷，杨波，2019，《国家人地关系的资源环境基础》，北京：科学出版社。

牛振国，张海英，王显威等，2012，《1978～2008 年中国湿地类型变化》，《科学通报》第 16 期。

农业农村部，2020，《"十四五"全国饲草产业发展规划》，http：//www. moa. gov. cn/。

胡焕庸，1935，《中国人口之分布——附统计表与密度图》，《地理学报》第 2 期。

胡焕庸，1987，《中国人口地域分布》，《科学》第 2 期。

潘庆民等，2021，《我国草原恢复与保护的问题与对策》，《中国科学院院刊》第6期。

FAO. 2020. " Land Under Perm. " Meadows and Pastures. http：//www. fao. org/faostat/en/#data/EL.

百度百科，2023，八步沙林场，https：//baike. baidu. com/item/%E5%85%AB%E6%AD%A5%E6%B2%99%E6%9E%97%E5%9C%BA/23675068？fr＝ge_ala。

中国气候变化中心，2022，《中国气候变化蓝皮书（2022）》，北京：科学出版社。

第七章　内蒙古

在中国的广大版图上，内蒙古是久负盛名的草地利用天选之地。虽然目前内蒙古的天然草场面积和可利用草地面积均略逊于西藏自治区，但其所在地理位置和所处自然环境的独特性，决定了内蒙古草地资源的开发和利用在整个华夏文明的长期演进进程中具有举足轻重的地位和影响力。

第一节　基本情况

内蒙古自治区（以下简称"内蒙古"）位于我国北部边疆，由东北向西南斜伸，呈狭长形。东起东经 126°04′，西至东经 97°12′，横跨经度 28°52′，东西直线距离 2400 多千米；南起北纬 37°24′，北至北纬 53°23′，纵跨纬度 15°59′，直线距离 1700 千米；全区总面积 118.3 万平方公里，占中国土地面积的 12.3%，是中国第三大省（区）。内蒙古的东、南、西依次与黑龙江、吉林、辽宁、河北、山西、陕西、宁夏和甘肃 8 省（区）毗邻，跨越三北（东北、华北、西北），靠近京津；北部同蒙古国和俄罗斯接壤，国境线长 4200 千米。

内蒙古平均海拔 1000 米左右，为典型高原地貌。在全球自然区划中，属于著名的亚洲中部蒙古高原的东南部及其周边地带，统称内蒙古高原，为中国四大高原中的第二大高原。内蒙古自治区自身的地貌内部结构差异明显，其中高原约占总面积的 53.4%，山地占 20.9%，丘陵占 16.4%，平原与滩地占 8.5%，河流、湖泊和水库等水面面积占 0.8%。

内蒙古地域广袤，由于高原面积大，所处纬度较高，距东部海洋较远，气候以温带大陆性季风气候为主：① 常年平均气温为 5.5℃，≥10℃的多年积温为 2548.9℃。无霜期年均天数为 80~120 天，由西南向东北递减，最东北部平均气温-3℃~3℃，大于或等于 10℃的积温不足 1400℃，无霜期只有

40~95 天。② 多年平均降水约为 280mm，由东向西递减，最东部在 400 毫米以上，最西部不足 100 毫米，多数地区的湿润系数在 0.3 以下，本地水资源总量常年保持在 540 亿 m³ 左右。③ 光能资源非常丰富，大部分地区年日照时数都大于 2700 小时。④ 全年大风日数平均在 10~40 天，70% 发生在春季。概括而言，内蒙古自治区的气候特点是春季气温骤升，多大风天气；夏季短促而炎热，降水集中；秋季气温剧降，霜冻往往早来；冬季漫长严寒，多寒潮天气。此种环境下，除少数地区外，内蒙古自治区的大多数地区只适于畜牧业的发展。

第二节　土地资源本底结构变化

土地是地球表层所有陆地生物种群生存和进化最为重要和最为直接的物质基础所在。然而，与其他所有陆生生物种群相比，对拥有智慧思维和工具制造能力的人类而言，其族群的进化和文明发育历史所展现的却是一个土地资源利用从被动适应到主动开发的长期转变过程。内蒙古土地资源的本底结构变化再一次证明了这一点。

内蒙古是中华民族古老的历史摇篮之一，也是古代中国北方少数民族生息繁衍最主要的家园。

在气候、地形与地貌等自然地理环境因素的共同作用下，草地占据着内蒙古自治区土地资源本底的绝对主导地位。旧石器时代（公元前 3 万年~公元前 1 万年），在内蒙古自治区土地资源本底的结构中，草地所占比重超过了 75.5%，林地所占比重超过了 20.2%，自然湿地与水域所占比重为 4.1%，从而展现了一幅植被兴旺和水草肥美的天然草原景观。

在农业文明的初级阶段，由于人口稀少和生产技术简陋，人类活动仅限于有限的空间范围之内，因此这一阶段的人类社会生产活动并未对原有的土地资源结构的稳定性产生任何重大的扰动和影响。例如，在内蒙古东部自然与开发条件优越的赤峰地区发掘出的红山文化遗址。经考古学界的考证，该文化发生于华夏农业文明的早期阶段，距今已有五六千年的历史。红山文化以辽河流域的支流西拉沐沦河、老哈河和大凌河为中心，分布面积约为 20 万平方公里，其社会活动建立在当地农牧渔猎生产共存的基础之上，延续时间长达两千年之久。

然而，当进入到农业文明成熟期后，情况开始发生了明显变化。一方面，大规模的铁制工具使用加速了农耕文明的发展速度和人口增长规模；另一方面，当时的气候变冷极大地压缩了种植业的传统发展空间（详见第六章）。在上述两方面的共同作用下，作为毗邻国家农耕文明发育中心、且拥有广袤地域和日渐强大的游牧基础，内蒙古自然而然地进入了这一时期农耕与游牧两大文明冲突与融合进程的中心位置，进而成了左右乃至决定整个国家命运基本走向的一个关键地域单元。纵观中国农业文明的发展史，在秦汉、隋唐、宋元到明清的漫长封建王朝政权更迭进程中，内蒙古的大草原么成为北方游牧社会为适应气候变化向南机动以寻求更大放牧空间的前进基地，要么成为中原农耕政权为缓解人口增长压力向北扩张以寻求更大定居生存地域的重要场所。这种情况正如曹雪芹在《红楼梦》中《好了歌》中所描述的那样："你方唱罢我登场，反以他乡为故乡。"正因如此，在经历了 2000 多年农业文明发育的进程中，内蒙古的土地资源本底结构逐步失去了以往传统的稳定性。到了 1753 年清代的乾隆时期，内蒙古土地利用结构中的草地所占比重已经降至 71.0%，林地所占比重则降至 19.1%，与农业文明之初相比，降幅分别达到了 4.5 个百分点和 1.1 个百分点。与此同时，耕地从无到有，增幅超过 1.4 个百分点；荒漠化土地面积所占比重的增幅更是超过了 4.5 个百分点（见图 7-1）。

到中华人民共和国成立之初的 1952 年，内蒙古土地利用结构中的草地所占比重已经降至 65.9%，森林所占比重降至 8.0%，与清代中期的 1753 年相比，降幅分别达到了 5.1 个百分点和 11.1 个百分点。相应地，耕地和包括水利设施、城乡居民点和交通运输在内的建设用地所占比重则分别增长了 4.5 个百分点和 0.7 个百分点；荒漠化土地所占比重的增幅更是增长了约 12.2 个百分点（见图 7-1）。

进入工业文明时期以来，内蒙古的土地资源开发开始发生重大变化。

首先，在工业化初级阶段，为解决广大百姓的初步温饱问题和实现现代化的初始资本积累目标，国家执行了建立相对独立的省（区、市）级工业生产体系的长期计划。对于一个地处边疆且现代工业基础近乎为白纸的农牧业地区（例如，1949 年内蒙古的煤炭产量只有 46 万吨，发电量只有 0.12 亿度，没有诸如钢铁、水泥、化肥和电力生产等其他工业产品的生产）而言，为实现自治区工业化发展的预期目标，唯有自身庞大的土地资本可

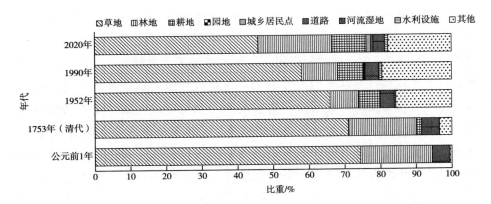

图 7-1 公元前 1 万年～2020 年内蒙古自治区土地资源本底结构变化

资料来源：国家统计局。

以利用。于是，自 20 世纪 50 年代初开始，内蒙古不断加大对地区土地资源的开发力度。其结果是，在 1952～1990 年，林地、耕地、水利设施用地和城乡居民点（包括交通用地）等用地所占比重则分别增长了 2.1 个百分点、1.2 个百分点、0.4 个百分点和 0.3 个百分点，荒漠化土地面积则相应增长了 3.8 个百分点。与此同时，草地所占比重则较之 1952 年下降了 7.9 个百分点以上（见图 7-1）。

其次，当国家发展进入到市场经济发展阶段后，极大地激发了整个社会追求财富积累的欲望。尽管此时国家和地区已经开始逐步加大对环境治理和草地修复的投入力度，但是在社会大众的膳食消费快速转向肉、蛋、奶等类产品的结构演进和城镇化高速推进的双重作用下，内蒙古再一次因其自身所拥有的资源与区位优势成了全国肉类、能源与原材料的一个重要的生产供应基地。受此影响，内蒙古土地资源的开发不仅无法展开适度的调整，反而不得不加大开发力度。数据分析显示，在 1991～2020 年，林地、耕地、水利设施用地和城乡居民点（包括交通用地）等用地所占比重继续分别增长了 10.5 个百分点、2.6 个百分点、0.1 个百分点和 1.5 个百分点。与此同时，草地所占比重则大幅减少了约 12.3 个百分点，成为自治区工业化以来最大的减幅纪录（见图 7-1）。

客观地讲，国家工业化以来内蒙古自治区发展的实践再次证明了土地资源开发极化效应的存在（详见第五章）。

就人文社会发展的正面效益而言，20世纪50年代以来内蒙古的现代化发展已经取得了巨大进步。在1952~2020年近70年间，内蒙古的人口增长了2.3倍，GDP（按1952年不变价，下同）增长了222.0余倍，人口城镇化水平增长了54.7个百分点（见图7-2）。

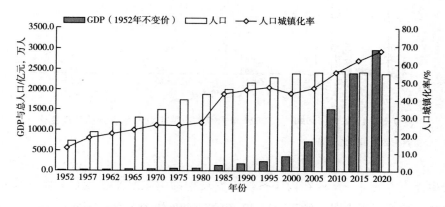

图7-2 1952~2020年内蒙古GDP、人口和城镇化率

资料来源：国家统计局。

数据分析显示，内蒙古现代化的成功主要建立在工业特别是能源工业和农牧业的基础之上。

1952年，内蒙古的煤炭产量只有75.0万吨，占全国的比重约为1.14%；电力生产不足0.2亿度，占全国的比重仅有0.21%。到了市场化建设初期的1990年，内蒙古的煤炭产量已经上升至4800.0万吨，占全国的比重也随之升到4.41%；电力生产约为170.0亿度，占全国的比重为2.73%。进入21世纪后，内蒙古工业化进程明显加快。到2020年时，内蒙古的工业生产依然取得了骄人的成绩，此时全区的煤炭产量已经突破了10.0亿吨，占全国的比重上升至26.3%，较1990年增加了21.9个百分点。与此同时，发电量达到了5811.0亿度，占全国的比重约为7.5%，较1990年提升了4.8个百分点（见图7-3）。内蒙古已经成了全国仅次于山西的第二大能源生产基地。

与全国其他所有地区相同，在进入工业化发展阶段后，以土地有机生

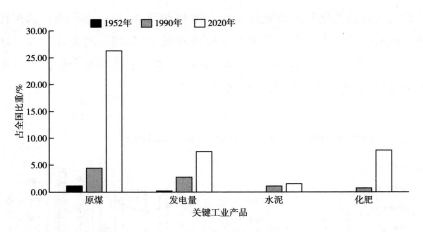

图 7-3 1952 年、1990 年、2020 年内蒙古主要工业产品占全国比重变化
资料来源：国家统计局。

物生产为本的第一产业在内蒙古经济发展中的贡献水平呈现出快速下降的趋势。数据分析表明，经历了近 70 年的工业化快速发展，目前第一产业在内蒙古产业结构中的比重仅有 7.1%（按 1952 年不变价计算，下同），较之工业化之初大幅减少了约 63.0 个百分点。尽管如此，作为百姓温饱和社会稳定的基础生产部门，以农牧业为主的内蒙古第一产业始终保持着稳步的发展态势，特别是进入 21 世纪以来。1952~1990 年，内蒙古的牲畜存栏数（按绵羊单位计算，下同）、牛羊肉和粮食产量虽然保持着一定幅度的增长，但占全国的比重却变化不大。例如，1952~1990 年，内蒙古的粮食产量从 343.5 万吨增长至 973.0 万吨，增幅超过了 1.8 倍。由于与全国土地利用方向保持着高度的一致，这一期间内蒙古粮食产量占全国的比重始终保持在 1.8%~2.2% 的水平上。自 20 世纪 90 年代以来，随着土地、资本和技术投入力度的加大，上述牧业和种植业的发展明显加快，特别是进入 21 世纪以来。到 2020 年，内蒙古的牲畜存栏数、牛羊肉和粮食产量均呈现出快速增长，占全国的比重达到了 12.4%、15.4% 和 5.5%，较 1990 年分别上升了 4.8 个百分点、6.2 个百分点和 3.3 个百分点（见图 7-4）。

就自然环境变化的负面效应而言，最大问题表现在地区土地荒漠化与沙化的快速扩张和草场规模和质量的全面退化。

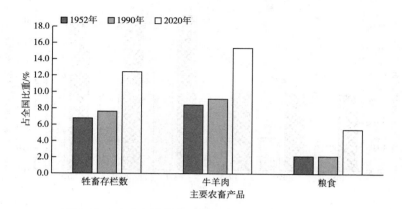

图 7-4　1952 年、1990 年、2020 年内蒙古主要农畜产品占全国比重变化

注：牲畜存栏数按绵羊单位计算，不包括猪。

资料来源：国家统计局。

对于地处半干旱和干旱地区的内蒙古而言，草地、林地和荒漠化是地区土地类型构成的三大基本组成单元，其中草地始终占据着绝对主导地位。这种土地结构是在地形地貌、大气与水循环等环境要素的共同作用下一种地表自然生态景观的自然组合。然而，受大规模的土地资源开发影响，内蒙古的这种土地自然构成失去了原有的平衡，以致严重地破坏了当地自然生态系统多样性的发育，最终导致土地的荒漠化和沙化。

根据相关文献的报道，20 世纪 50 年代末，内蒙古荒漠化土地的面积约为 31.2 万 km^2，占自治区土地总面积比重的 26.4%，其中沙化土地的面积约为 10.4 万 km^2，占自治区土地总面积比重的 8.8%。到了 20 世纪末，内蒙古荒漠化土地的面积快速扩张到了 63.9 万 km^2，占自治区土地总面积的比重也随之升到 54.0%，达到了历史峰值，其中沙化土地的面积则增至 42.1 万 km^2，占自治区土地总面积的比重则升至 35.6%（见图 7-5）。进入 21 世纪以来，随着生态治理力度的不断加大，自治区土地的荒漠化快速演进趋势开始得到了初步遏制。到 2019 年，内蒙古荒漠化土地面积约为 59.3 万 km^2，较 20 世纪末减少了 4.6 万余 km^2，其中沙化土地面积 39.8 万 km^2，较 20 世纪末减少了约 2.3 万余 km^2（国家林业和草原局，2015；昝国盛等，2023）。

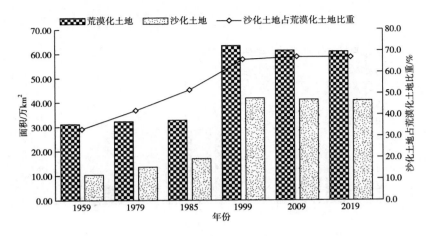

图7-5　1959~2019年内蒙古土地荒漠化和沙化变化情况

资料来源：历次《中国荒漠化和沙化状况公报》；国家林业和草原局，2020；

昝国盛等，2023。

进一步的分析则表明，导致内蒙古土地荒漠化的关键在于草场规模的快速退化。如图7-5所示，20世纪50年代末，内蒙古荒漠化土地中的沙化土地所占比重还只有1/3。但是到了20世纪末，自治区荒漠化土地中的沙化土地所占比重上升至2/3。到2020年时，这一比重已经达到了约67.0%，较20世纪末提升了1.1个百分点。

相比之下，更为严重的问题在于草地质量的退化。

就草场质量而言，在草场面积萎缩、牲畜超载与气候变化等人为和自然因素的双重作用下，内蒙古的草场质量呈现出快速下降态势。例如，1950年，内蒙古草场牧草的普遍高度约为180cm，充分展现了内蒙古"风吹草低见牛羊"的天然牧场风光。此后，由于过度开发，天然草场牧草高度呈现快速萎缩。到1980年时，内蒙古天然草场的牧草高度仅为100cm，降幅达44.4%。到2000年时，这里草场的牧草高度仅有40cm，仅相当于1950年的22.2%（见图7-6），有些地方甚至出现了"跑死羊"的现象（周圣坤、刘娟，2009）。

对于居住在干旱和半干旱地区的人们来说，草地是他们日常生活物质与家庭财富的最重要来源场所，更何况这里的草地开发还需要承担地区工业化初期阶段的社会资本积累的重担。这正是导致20世纪50年代以来内蒙

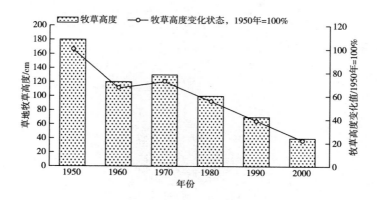

图 7-6　1950~2000 年内蒙古草场牧草高度变化过程

资料来源：周圣坤、刘娟，2009。

古草地质量快速下降的一个最为重要的原因所在。

内蒙古土地荒漠化演变成因分析如图 7-7 所示，其中最为关键的因素有三个。第一，植被过度樵采。特别是在草场边缘的荒漠化地区，为解决烧柴与生计问题，当地居民大量砍伐植被和挖掘草药，致使天然草场面积大幅缩小。第二，耕地过度开垦。1952~1995 年，内蒙古通过垦荒的耕地面积就增加了近 294 万 hm²，增幅高达 55.8%。第三，草场过度放牧。随着人口和社会需求增长，草畜平衡矛盾日益尖锐。20 世纪 50~90 年代，内蒙古的牲畜存栏量（按绵羊单位计算，不包括猪）增长了约 1.0 倍，单位草地的载畜量则增长了近 1.6 倍。进入 21 世纪后，内蒙古天然草场的牲畜超载的情况更为严峻。到 2020 年，内蒙古单位天然草场的载畜量已达到 1.88 只羊单位/公顷，较 20 世纪 90 年代又提升了 98.0%（见图 7-8）。

在人文活动因素、气候变化与其他因素的共同作用下，内蒙古的草原生态持续恶化。据相关部门统计，2000 年内蒙古的草原植被盖度仅为 30%。严重的问题还在于，从 20 世纪 50 年代至 21 世纪初，地区投入草原建设的经费严重不足，平均每年每亩草原修复的投入只有几分钱。如此土地利用从绿到黄（褐）的颜色转变最终导致 21 世纪初我国北方沙尘暴的再度肆虐，内蒙古的草地沙漠化不仅直接威胁北京，也严重干扰了整个北方的生态系统稳定（朱震达，1998；马永欢等，2003；王涛等，2003；郭然等，

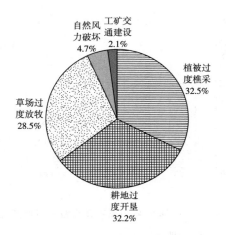

图7-7 内蒙古土地荒漠化演变成因分析

资料来源：马永欢等，2003。

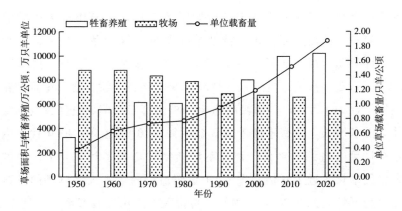

图7-8 1950～2020年内蒙古草地草畜平衡的过程变化

资料来源：国家统计局。

2004；张新时等，2016；侯扶江等，2016；新华社，2017；王关区、刘小燕，2017；张雷、杨波，2018）。

草场质量下降的一个严重的后果是我国畜牧业产品质量越来越难以满足整个社会，特别是城市居民生活日益提高的消费需求。2008年发生的举世震惊的三聚氰胺事件便是我国畜牧业生产供给与市场发展需求严重脱钩的一个典型事件。这一事件的发生极大地挫伤了我国奶牛业的发展。为此，政府大力推进通过生物技术而非化学手段来提高饲料蛋白的发展战略，以求提升产品质量，振兴牧业。这一战略的实施造成我国苜蓿等高蛋白草料的消费需求大增。然而，由于国内草场质量提高的短板一时无法克服，2015年我国的苜蓿干草进口量为 121 万 t，较 2009 年增长了近 22 倍。2020 年我国的苜蓿干草进口量则升至 135.8 万 t，成为全球第一大苜蓿进口国（见图 7-9）。

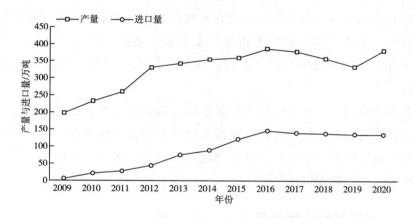

图 7-9　2009~2020 年中国苜蓿产量与进口量

资料来源：杨春等，2011；李新一等，2015；华经情报网，2022。

牧业的长期生产与经营方式对当地草场资源环境造成的压力和生态负效应远远超过人们的预期，不仅极大地威胁着当地民众与社会的正常生产和生活秩序稳定，而且也严重地影响到全国，特别是北方地区人文社会的持续发展。

第三节　草地资源开发效益

如前所述，草地既是人类种群的诞生之地，也是人类文明的发育场所。然而，随着人类科学技术进步与社会变革速度的加快，草地开发的效益特别是草地开发的生态效益被日益忽视乃至淡忘。进入 21 世纪以来，随着全球环境问题压力的急剧增大，世界各国对草地开发生态效益给予了越来越多的重视。

作为世界草地资源大国，由于长期的过度开发，我国草地的大范围退化加剧了土地荒漠化的快速扩展。为国家持续发展计，近年来我国加大了对草地生态的修复和荒漠化的治理力度，并且取得了骄人的成果。更为可喜的是，2018 年国家林业和草业局的成立意味着，草地生态修复和荒漠化治理开始从土地专项整治上升为国家生态文明建设的战略层面。随着绿色发展理念的深入和增强，人们对草地生态功能的认知达成了基本一致的共识：即作为国土面积最大的陆地生态系统，草地与林地共同发挥着全国水库、钱库、粮库、碳库的生态功能。实事求是地讲，有别于林地生态系统，水库、碳库、肉库、药（草药）库的定位则更能体现草地生态的主体功能。

需要指出的是，由于对陆地生态系统特别是草地生态系统的碳循环过程开展的研究相对较晚，人们对我国草地生态功能中碳库作用的评价尚存在一定争议。因此，在进行内蒙古草地开发的生态效益评价时，碳库方面的研究具有更多的探讨性。

一 碳库与碳平衡功能

首先是草地的碳库功能。

客观地讲，草地的碳库功能应由草地植被以及人工放牧的食草动物两个部分所组成。

就草地植被而言，草本植物的生长是草地物质能量交换过程的集中体现，因而成为草地生态系统整体发育最重要的物质基础所在。作为碳基生物物种，草本植物的碳汇能力虽不及木本植物，却因其分布广泛而成为全球碳库发育中不可或缺的重要组成部分。

根据相关的研究，目前内蒙古草地植被碳库能力大体保持在 21.0～31.0 亿吨碳。其中地上碳库的能力在 2.2～2.8 亿吨碳；地下碳库的能力在 18.0～29.0 亿吨碳（见表 7-1）。在内蒙古草地植被碳库能力构成中，地下部分占据绝对主导地位。由于使用的评价方法不同，两种研究的结果之间碳库能力的差距超过了 10 亿吨碳，其中约 79.0% 的差距产生于植被地下碳库的能力上。

表7-1 内蒙古草地植被碳库能力及构成

项目	草地面积 （万公顷）	植被碳库密度 （吨碳/公顷）	植被碳库总量 （亿吨碳）	占比（%）	数据来源
地上		5.11	2.82	13.5	
地下	5520	32.61	18.00	86.5	1
合计		37.72	20.82	100.0	
地上		5.11	2.25	7.2	
地下	4410	66.03	29.10	92.8	2
合计		71.14	31.35	100.0	

资料来源：高树琴等，2016；Yang Y. H. et al.，2010。

作为畜牧业放养的主要场所，联合国粮农组织在其土地利用分类中，将草地和耕地一起划分为农业用地。有鉴于此，我们考虑尝试以耕地农作物收获多少的方式来进行内蒙古草地植被碳库的评价，以期这种评价工作能更加接近当地草场植被发育的实际。在这里，我们暂时可以把这种方法称之为草地牧草产出评价法。具体而言，就是利用国家和地区草原监测报告所公布的历年草地牧草（鲜草和干草）产量以及草地植被综合盖度等基础数据来展开相关的草地植物碳库能力评价分析。

相关数据表明，2020年内蒙古草地植被综合盖度为45.0%。相应地，内蒙古草地当年的鲜草产量为18418.5万吨，折合干草产量为6460.2万吨。按照草碳换算系数，2020年内蒙古草地的牧草碳库总量约为4.08亿吨碳（约合15.0亿吨二氧化碳），其中牧草地上（鲜草）碳库量为0.29亿吨碳，牧草地下的土壤碳库量为3.79亿吨碳（见表7-2）。

表7-2 2020年内蒙古草地牧草碳库及构成

项目	草地面积 （万公顷）	牧草碳库密度 （吨碳/公顷）	牧草碳库总量 （亿吨碳）	占比（%）
地上（鲜草产量）		0.73	0.29	7.19
地下（根部土壤）	4000	9.48	3.79	92.81
合计		10.21	4.08	100.00

资料来源：国家林业和草原局，2021；农业农村部畜牧兽医局、全国畜牧总站，2023。

需要指出的是，由于只计算了可用于牲畜放养的鲜草产量，而忽略了草地其他如灌木等植被，因此，依据这种草地牧草产出评价法所得出的产地碳库能力要远低于其他如表 7-1 中所展示的研究结论。尽管如此，依据这种评价方法所得出的结论对草原碳库能力与作用的肯定可能更为社会所接受。

需要指出的是，目前在评价草地生物碳库能力时，人们只聚焦于植被碳库的作用方面，而忽略了包括人工驯养在内的动物碳库作用。显然，这一做法有悖于草地生物金字塔发育的规律。

根据 2018 年以色列和美国研究人员所做的全球生物分布研究报告（详见第二章），我们对内蒙古草地畜牧业的碳库能力做了初步探索。

分析表明，2020 年内蒙古草地的牲畜生物总量为 339.2 万吨碳，其中牛（奶牛和肉牛）的生物量达 100.7 万吨碳，所占比重为 29.7%；羊（绵羊和山羊）的生物量达到了 215.6 万吨碳，所占比重为 63.6%；其他牲畜的生物量为 22.9 万吨碳，所占比重仅有 6.8%（见表 7-3）。

表 7-3　2020 年内蒙古草地牲畜碳库及构成

项目	牛	羊	其他	合计
生物量，万吨碳	100.7	215.6	22.9	339.2
构成，%	29.7	63.6	6.7	100.0

注：其他的牲畜放养包括马、驴、骡、骆驼，但不包括猪和家禽。

资料来源：国家统计局。

由于牧草和牛羊等牲畜同为碳基生物的物种，因此，当我们将内蒙古草地的植被碳库和牲畜碳库进行统一后，就会发现内蒙古草地生物系统的总体发育完全遵循着生物金字塔十分之一的定律（见表 7-4 和图 7-10）。如果考虑到内蒙古现实的草地牲畜放养需要得到一定农作物籽粒产品如麦麸、豆饼和玉米等补饲的话，那么这种生物金字塔发育的十分之一定律作用就更为明显了。

表 7-4　2020 年内蒙古草地生物量及构成

单位：万吨碳，%

项目	牧草	占比	牲畜	占比	合计	占比
地上	2937.0	89.65	339.1	10.35	3276.1	100.00
地下	37911.0	100.00	0.0	0.00	37911.0	100.00
合计	40848.0	99.18	339.1	0.82	41187.1	100.00

资料来源：国家统计局。

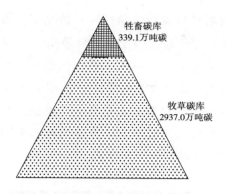

图 7-10 内蒙古草地地上生物碳库结构特征

其次是草地的碳平衡功能。

由于牲畜放牧是全球温室气体排放的一个重要组成部分，因此草地的碳平衡问题成为世界各国特别是草地资源大国关注的焦点之一。

根据国家有关机构和联合国粮农组织的研究报告，我们对内蒙古草地牲畜放养的碳排放及构成进行了初步分析。

分析表明，2020 年内蒙古草地牲畜放养的温室气体排放总量为 555.9 万吨碳。其中草地牲畜肠道发酵的二氧化碳温室气体（甲烷）排放量超过 386.4 万吨碳，所占比重为 69.5%；草地牲畜粪便二氧化碳温室气体（一氧化二氮）排放量为 169.5 万吨碳，所占比重约为 30.5%（见表 7-5）。

表 7-5　2020 年内蒙古草地牲畜放养温室气体排放及构成

单位：万吨碳，%

项目	牛	羊	其他牲畜	合计	占比
肠道发酵	196.7	173.9	15.8	386.4	69.5
牧场粪便	39.2	121.7	8.6	169.5	30.5
合计	235.9	295.6	24.4	555.9	100.0

注：其他放养牲畜包括马、驴、骡、骆驼，但不包括猪和家禽。
资料来源：国家统计局；联合国粮农组织；中国生态环境部，2018。

从内蒙古草地牲畜放养的碳平衡角度上来看，在肠道和粪便所产生的温室气体排放水平与其自身的碳库能力两者之间确实存在着明显的差距，前者的排放量高出后者的约 64.0%，达到了 216.8 万吨碳。

然而，当我们将碳汇/碳源（牲畜放养的温室气体排放）平衡的评价放置于内蒙古草地生物量整体发育的角度时，情况则显得十分乐观。这是因为：第一，目前所做的评价还仅限于草地鲜草类植被的有限生物链发育基础之上，并未涉及其他如柠条、沙柳、梭梭、杨柴、沙棘等灌木类植被类型；第二，目前所做的评价只考虑到草地碳汇/碳源平衡的地上部分，而未包括地下部分。从表7-6中可以得出这样一个结论：作为国家的重要畜牧业基地，内蒙古草场的强大固碳能力依然是当地乃至国家绿色发展和碳中和进程中不可或缺的重要地域单元和要素。

表7-6 2020年内蒙古草地碳汇/碳源平衡状态

单位：万吨碳

项目	碳汇	碳源	平衡状态
牲畜放养	339.1	555.9	-216.8
草地牧草	37911.0	—	37911.0
合计	38250.1	555.9	37694.2

注：因内蒙古草地的鲜草部分已经通过牲畜放养实现能量转换，因此不在本表中做反应。

二 水库功能

对于地处干旱和半干旱区的内蒙古而言，水资源的多寡和来源的稳定性决定着整个地区人文社会发展的前途和命运。

从现实的内蒙古水资源现状看，其特征有二。

第一，地广水稀（少）。内蒙古土地辽阔，其面积占全国陆地总面积的约12.3%。但因深处内陆和全国季风气候带的北部边缘地带，内蒙古全区的水资源多年均值只有全国水资源多年均值水平的1.9%（见表7-7）。

表7-7 内蒙古水资源状态分析

项目	降水量	水资源		
		总量	地表水	地下水
	毫米	亿方		
内蒙古	282	546	340.4	233.6
全国	632	28124	26197.6	8802.2
占全国比重，%	44.6	1.9	1.3	2.7

注：1. 表中地表水资源和地下水资源按1997~2022年的多年均值计算。

2. 水资源总量是指当地降水形成的地表和地下水总量，即地表径流量与降水入渗补给地下水量之和。

资料来源：历年《中国水资源公报》。

第二，下强上弱。具体而言就是高比例的地下水资源为内蒙古水资源总量的常年稳定提供了坚实的保障基础。根据相关数据分析，在内蒙古水资源总量多年均值中，地表水和地下水两者的比例构成为 1.46：1.00。与之相比，在全国水资源总量多年均值中，地表水和地下水两者的比例构成为 2.98：1.00。

内蒙古之所以能够形成上述两大特征，其原因有二。

首先，地区降水量的多少。自然区位条件决定了内蒙古降水的多年均值水平只有 282 毫米，仅相当于全国多年平均降水量的 44.6%。

其次，尽管一个地方的水资源状态取决于大气降水的多少，但是由于各地土壤储水条件和植被环境的不尽相同，以致形成的地区水资源总量及构成存在明显差异。在此方面，内蒙古的自然地理环境决定了当地水资源及其构成的基本特色。由于地势相对平坦，土壤中的沙砾性土质成分高，加之有较高的林草覆盖率（2020 年内蒙古的林草覆盖率为 66.5%，其中草地覆盖率为 52.4%，分别高出全国均值水平 9.2 个百分点和 24.8 个百分点），有利于当地降水的土壤下渗与稳定储存，因而造成内蒙古高比例的地下水资源状态。这正是人们常说的草地水库功能的内涵所在。为了进一步证实这一观点，我们进行了 2005～2020 年内蒙古草地鲜草产量与地下水资源量的相关分析（见图 7-11）。分析的结果表明，内蒙古草地鲜草产量与地下水资源量之间保持着很高的相关性（$R = 0.7980$）。说明草地不仅对大气降水和游荡于草地地面上的气态水（通常被称为"绿水"部分）具有很好的截留作用，而且在一定程度上也发挥着减缓土壤水分蒸腾的功效。

三　肉库功能

草原既是野生特别是有蹄类动物觅食的天然场所，也是人工驯化牲畜放牧的理想家园。

内蒙古地势相对平缓，气候比较温和，草原面积广大，牧草质量上乘，区位条件较为适中，与西北部其他省区的草原相比，在畜牧业发展方面具有得天独厚的有利条件。这既是大自然的慷慨恩赐，也是华夏民族发展历史的宝贵遗产，同时也是内蒙古畜牧业发展的最重要物质基础。

内蒙古地区的畜牧业历史悠久，虽经百世而不衰。从秦帝国之始到中华人民共和国成立，草原游牧业始终保持着内蒙古社会生产主体的地位。

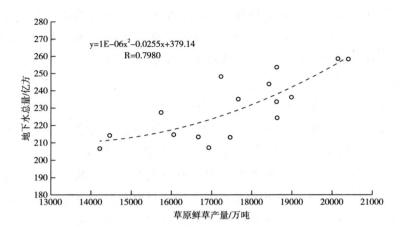

图 7-11　2005~2020 年内蒙古草地水库功能的相关分析

资料来源：国家林业和草原局，2021；农业农村部畜牧兽医局、全国畜牧总站，2023。

　　进入工业化进程以来，随着地区能源与矿产资源开发力度的不断增强，内蒙古社会经济活动中的草地肉库功能受到了大幅削弱，特别是 20 世纪 80 年代以来。资料分析显示，1980~1995 年，内蒙古牛羊肉产量只增长了 1.15 倍，年递增速度仅有 5.2%。更为重要的是，这一期间内蒙古牛羊肉产量的增加量仅占全国同期牛羊肉增加量比重的 5.2%。如此状态造成内蒙古牛羊肉产量占全国的比重从 1980 年的 17.2% 快速下降至 1995 年的 4.3%，降幅达到了 12.9 个百分点。此后，随着地区产业结构调整力度的加大，内蒙古草地肉库的功能开始重新得到增强，特别是进入 21 世纪以来。到 2020 年，内蒙古牛羊肉产量超过了 179.0 万吨，较 1995 年增长了 7.8 倍余，年均增速约为 8.0%。按照这一时期牛羊肉的净增量计算，内蒙古牛羊肉的产量占全国的比重为 27.9%，较之 1995 年大幅增长了 25.6 个百分点。相应地，2020 年内蒙古牛羊肉产量占全国的比重又重新恢复到 15.4%（见图 7-12）。

　　由此可见，如果今后持续加大草地植被恢复和荒漠化治理的力度，内蒙古草地肉库功能的增强是可以得到充分预期的。

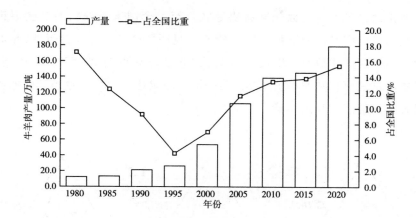

图 7-12　1980~2020 年内蒙古牛羊肉产量及占全国比重变化

资料来源：杨春等，2011；李新一等，2015；华经情报网，2022。

四　药（草药）库

与草地碳库、水库和肉库的功能相比，内蒙古草地药库功能的发挥要弱了许多，目前除了肉苁蓉外，其他草药的产量在全国的地位并不突出。究其原因，一方面是草地管理的强化制约了当地草药的采集水平；另一方面，多变的气候环境等因素影响了当地草药产出的稳定。

然而，随着荒漠化治理和太阳能光伏工业园（光伏发电+草药生产）建设投入的增强，内蒙古草地药库功能的潜力应得到大幅提升。

需要指出的是，从草地功能结构上看，无论碳库、水库、肉库及药库，其作用的发挥均取决于草地植被综合盖度与草地第一生产力的有效提升。显然，对于草地生物链金字塔结构的规模扩大和价值提升而言，其基础在于草地植被产出水平和质量的有效改善和提高。

第四节　草地资源开发方式与空间重组目标选择

如前所述，中华人民共和国成立以来内蒙古的土地利用大体经历了三个基本阶段。

第一个基本阶段是 20 世纪 50 年代初期至 90 年代中期。这一阶段的核心任务是通过扩大耕地面积来解决地区乃至整个国家所面临的社会温饱问题。我们可以将其称为增粮（肉）阶段（见图 7-13）。在长达近 40 年的时期内，内蒙古的耕地面积增长了 164 万公顷，增幅约为 23.5%。与此同时，内蒙古的草地面积则缩小了 930 多万公顷，减幅达 12.0；草地沙化的面积则增长了 3 倍余（详见本章第二节）。

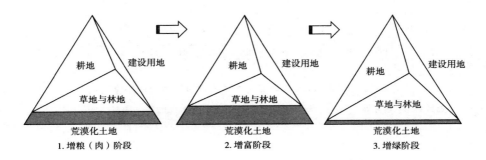

图 7-13　1952~2020 年内蒙古土地利用变化过程

注：1. 建设用地包括城乡居民点、工矿及水利设施用地。

　　2. 荒漠化土地包括荒漠化及未利用土地。

第二个基本阶段是 20 世纪 90 年代中期至 21 世纪初期。这一阶段的中心任务是通过工业化和城镇化的高速发展来实现地区民众收入的提高问题。我们可以将其称为增富阶段。在这一阶段内，除了耕地等农业用地继续保持一定程度的增长，内蒙古的城镇和交通等建设用地有了快速扩张，其面积的增长超过了 33 万公顷，增幅达到了 31.0%。与之相比，草地面积萎缩状态仍在持续，其面积的减少幅度超过了 290 万公顷。应当说这一阶段内蒙古土地利用的环境还是有了一定程度的改善，例如林地面积增加了约 1090 万公顷，草地沙化面积减少了 6.1 万公顷。但就整体而言，内蒙古土地利用所面临的生态挑战依然十分严峻。

第三个基本阶段是 2010 年以来。这一阶段的发展重心开始逐步从改善地区民生转向当地生态修复以构建人地关系和谐发展的方向。为此，我们可以将其称为增绿阶段。随着近年来生态修复投入力度的加大，内蒙古国土的增绿效果开始逐步显现。根据相关报道，2020 年内蒙古天然草原综合植被盖度达到了 45.0%，较 21 世纪初的 30% 提高了 15 个百分点；全区的森林覆盖率达到了 22.1%，较 21 世纪初提升了 4.4 个百分点；全区的土地荒漠化面积减少了 42.7 万公顷，其中沙化土地的面积减少了 34.2 万公顷（内蒙古林业和草原局，2023）。相应地，近 10 年，全区出现沙尘日数平均值为 9.1 天，较 1961~2011 年的均值水平减少了 12.6 天；全区平均沙尘日数以 0.5 天/年的速率减少，其中近 10 年全区平均沙尘暴日数由 1961~2011 年的 4.9 天减少至近 10 年的 0.6 天（新华网，2023）。

尽管取得了一个良好的开局，但是考虑到当地自然地理环境的脆弱性和以往过度开发所欠下的巨大生态赤字，要想实现未来人地和谐的最终预期，内蒙古土地利用空间重组的增绿进程还有很长的路要走。

一方面，目前内蒙古天然草地的综合植被盖度只有 45.0%，不仅低于全国 56.1% 的均值水平 11.1 个百分点，而且在全国五大草地省区（按草地面积计算为西藏、内蒙古、新疆、青海和甘肃）中的排位只优于新疆，位居第四。另一方面，目前内蒙古未被利用的荒漠化土地仍有 2000 余万公顷，占全区国土总面积的 17.6%。有鉴于此，内蒙古未来土地增绿进程的核心任务应是：在大力提升现有天然草地的综合植被盖度的同时，逐步推进荒漠化土地的有效治理。

根据以往成功的经验，内蒙古未来土地增绿进程所遵循的基本模式可以概括地归纳为：

天然草地修复+人工草场发展+荒漠化土地改造

在上述模式中，天然草场修复的关键在于有效控制过度放牧，使之回归到草地合理的牲畜承载水平上；人工草场的发展则在于规模的扩张和产草质量的提升；荒漠化土地的治理则主要取决于与当地集中式光伏产业园建设的有机结合。

需要指出的是，集中式光伏产业园（区）的建设是我国能源企业在荒漠化治理过程中的一项伟大创举。结合清洁能源的生产和多元化经营的发展，光伏产业园通过"板上发电+板下植草+板间放牧"和"板上发电+板下种药"等多种方式，实现了荒漠化土地治理的"绿电+生态+民生（就业）"一举多得的社会收益，极大地提升了地区荒漠化治理的效果。

第五节 结论

内蒙古地域辽阔，草原广布，草质优良，加之光照十分充足，地势相对平缓，气候比较温和，降水有一定保障，区位条件较好，同西部其他省区相比，具有许多明显的优越性，特别是在发展畜牧业和新能源方面更是具有得天独厚的有利条件。这是大自然慷慨的恩赐，也是宝贵的历史遗产，应加倍珍惜。

纵观内蒙古数千年的土地开发历史，自秦汉帝国至中华人民共和国成立之前，建立在草地资源开发基础上的传统游牧始终维系着当地人文社会文明的发展进程。

中华人民共和国成立以来，随着工业化进程的不断加快，内蒙古原有土地开发的模式发生了重大转变。在工业化初始阶段，为了缓解地区乃至国家所面临的巨大社会温饱压力，内蒙古的土地利用经历了长达近 40 年的耕地面积大幅增长，因此被视为土地开发的增粮（肉）阶段；此后，为了实现社会民众收入的快速提升目标，内蒙古的土地利用开始经历了 20 余年的城镇化和建设用地快速扩张阶段，被视为土地开发的增富阶段；近年来，随着国家发展意识的转变和生态文明建设投入的大幅增强，内蒙古的土地利用开始迎来了以草地修复和荒漠化治理为中心的增绿新阶段。

从增绿进程的实际效果看，今后只要坚定地按照"天然草地修复+人工草场发展+荒漠化治理的土地改造"利用模式稳步推进，内蒙古未来生态文明建设的预期必定能够取得伟大的成功。

参考文献

国家林业和草原局，2015，《中国荒漠化和沙化状况公报》，http：//www. forestry. gov. cn/main/65/20151229/835177. html。

国家林业和草原局，2020，《内蒙古自治区志·林业志》，北京：林业出版社。

昝国盛，王翠萍，李锋等，2023，《第六次全国荒漠化和沙化调查主要结果及分析》，《林业资源管理》第 1 期。

周圣坤，刘娟，2009，《草场退化：牧民认知与对策的个案研究》，《农业经济》第 4 期。

张新时，唐海萍，董孝斌等，2016，《中国草原的困境及其转型》，《科学通报》第 2 期。

朱震达，1998，《中国土地荒漠化的概念、成因与防治》，《第四纪研究》第 2 期。

马永欢，樊胜岳，姜德娟等，2003，《我国北方土地荒漠化成因与草业发展研究》，《干旱区研究》第 3 期。

郭然，王效科，欧阳志云等，2004，《中国土地沙漠化、水土流失和盐渍化的原因和驱动力：总体分析》，《自然资源学报》第 1 期。

王涛，吴薇，薛娴等，2003，《我国北方土地沙漠化演变趋势分析》，《中国沙漠》第 3 期。

侯扶江，王春梅，娄珊宁等，2016，《我国草原生产力》，《中国工程科学》第 1 期。

新华社，2017，《内蒙古草原植被盖度恢复至 1980 年以来最好水平》，http：//big5. www. gov. cn/gate/big5/www. gov. cn/xinwen/2017-02/17/content_5168794. htm。

王关区，刘小燕，2017，《内蒙古草原草畜平衡的探讨》，《生态经济》第 4 期。

张雷，杨波，2018，《国家人地关系演进的资源环境基础》，北京：科学出版社。

杨春，王明利，刘亚钊，2011，《中国的苜蓿草贸易——历史变迁、未来趋势与对策建议》，《草业科学》第 9 期。

李新一，罗峻，田双喜等，2015，《我国苜蓿生产总体形势分析》，《中国奶牛》第 16 期。

华经情报网，2022，《2021 年中国苜蓿草种植面积、产量及进出口情况分析》，https：//baijiahao. baidu. com/s？id＝1745088180965417995&wfr＝spider&for＝pc。

高树琴，赵霞，方精云，2016，《我国草地的固碳功能》，《中国工程科学》第 1 期。

Yang Y. H., Fang J. Y., Ma W. H., et al. 2010. Soil Carbon Stock and Its Changes in Northern China's Grasslands from 1980s to 2000s. Global Change Biol. doi：10. 1111/j. 1365-2486. 2009. 02123. x.

国家林业和草原局，2021，《中国林业和草原统计年鉴（2020）》，北京：中国林业出版社。

农业农村部畜牧兽医局，全国畜牧总站，2023，《中国草业统计（2021）》，北京：中国农业出版社。

中国生态环境部，2018，《中华人民共和国气候变化第二次两年更新报告》，https：//www. mee. gov. cn/。

内蒙古林业和草原局，2023，《内蒙古：保护近 3/4 国土面积的天然草原》，https：//lcj. nmg. gov. cn/xxgk/zxzx/202204/t20220407_2032897. html。

新华网，2023，《近 10 年内蒙古平均沙尘暴日数呈减少趋势 生态治理仍不容歇脚》，https：//baijiahao. baidu. com/s？id＝1761067328931002751&wfr＝spider&for＝pc。

第八章　新疆

新疆维吾尔自治区是我国国土面积最大的省级行政区，与其他省级行政区相比，新疆资源环境基础薄弱，其资源环境开发的适宜度居于全国省级行政区末位。新疆复杂的地理条件和资源禀赋使草地资源具有面积大、类型丰富和空间分布特异地带性等特征。作为我国五大牧区之一，草地资源的食物生产功能和生态功能为支撑新疆发展做出了突出贡献，新疆草地资源可持续利用也决定了该地区的现代化走向。在处理草畜不平衡这一新疆草地资源开发主要问题基础上，如何处理好保护与开发的关系，通过土地利用空间重组统筹农林牧用地成为解决新疆草地资源可持续利用的关键。

第一节　基本情况

一　新疆自然与人文概况

新疆位于我国西北干旱区，该地区深居亚洲内陆，形成大面积年降雨量低于 200mm、蒸发量大于 1500mm 的荒漠戈壁地区（程国栋等，2000）。该地区生态脆弱，资源环境要素中的生存要素基础薄弱，使得该地区生存环境具有不可逆性，从而对当地社会经济发展产生了极大制约作用。新疆作为干旱区的典型代表，水资源短缺、环境容量差、植被稀少等问题突出。

新疆是我国国土面积最大的省级行政区和少数民族集聚区，总面积166.49 万平方公里。新疆深居内陆，属于典型的温带大陆性气候，气温变化大，日照时间长，降水量少，年平均降水量为 150mm 左右。地形总体上是三大山系环抱两大盆地，内部荒漠化严重，人们的生产、生活均依托绿洲来进行（段汉明，2000）。在特定的地理位置与地貌条件与大气环流形势和太阳辐射的共同作用下，新疆形成了以光热资源丰富、冷热变化剧烈、干燥少雨与风大沙多为基本特点的温带荒漠气候（新疆维吾尔自治区畜牧厅，1993）。

在全球变暖的大趋势下，冰山退缩、河道断流、沙漠化加剧、生物多样性受损等问题日趋凸显（苏里坦等，2005）。严重的问题在于，2000～2019年，新疆人口自然增长率明显高于全国平均水平（见图8-1）。如此快速的人口增长，加大了当地脆弱资源环境基础的支撑负担，人地关系的紧张局面日趋凸显。

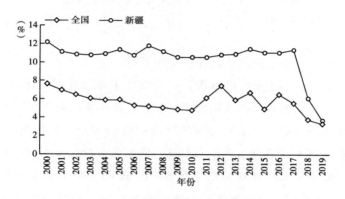

图8-1　2000～2019年新疆及全国人口自然增长率变化
资料来源：国家统计局。

城镇化发育水平是体现一个地区现代化发展状态的重要指标，从城镇职能上看，现代城镇化由人口城镇化和经济城镇化两个基本部分组成。分别计算三种城镇化水平，发现1952～2020年新疆整体城镇化水平提高了近56个百分点，其中人口城镇化水平提高了40个百分点，经济城镇化水平提高了74个百分点（见图8-2）。

二　新疆资源环境基础的综合评价

新疆作为国家西部大开发的重点区域和我国未来能源的主要供应基地，正确评价新疆地区的资源环境基础，不仅关系到其自身的稳定和发展，还

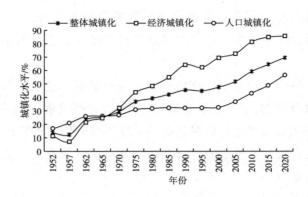

图 8-2 1952~2020 年新疆现代城镇化发育水平

资料来源：国家统计局。

影响着整个西部乃至全国的社会经济发展进程。

对一个地处偏远的干旱区域而言，要确保未来新疆现代化进程的持续，则更加不易。与全国其他地区相比，新疆的资源环境基础存在明显不足。

首先是基础薄弱。根据地区资源环境的综合评价，新疆资源环境本底的六大要素（淡水、耕地、草场、森林、能源和矿产）综合特征值为 1.81，仅相当于西部地区和全国均值水平的 54.3% 和 41.2%；叠加地理开发条件（降水、积温与地形）后的要素综合特征值为 1.09，相当于西部地区和全国均值水平的 50.8% 和 24.7%。

依据国家资源环境开发总体适宜度 4.4 的阈值划分，内蒙古、西藏等 6个省（区）的资源环境的综合开发适宜度均低于全国总体适宜度 4.4 的阈值水平，说明大规模开发的基础和条件存在明显欠缺，可视为不适宜大规模开发区，其中新疆数值最小（见图 8-3）（张雷、杨波，2019）。

其次是资源结构的稳定性差。尽管淡水、草场、耕地和森林四大生存要素占据着新疆资源环境基础的主体，但在要素的组成结构上，草场的比重占到了 61%。与之相比，作为人类生存的关键资源要素，淡水资源的比重则为 11%，仅相当于全国平均水平的 19.7%（见图 8-4）。正是这种资源结构的不稳定性决定了新疆干旱区的明显特征。

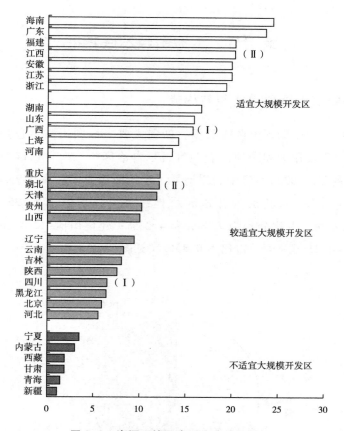

图 8-3　资源环境开发适宜度区际差异

资料来源：张雷、杨波，2019。

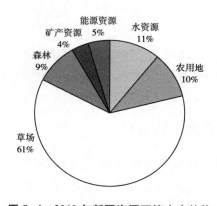

图 8-4　2010 年新疆资源环境本底结构

第二节 土地资源本底特征

一 新疆土地利用类型与构成

根据第三次全国国土调查数据，新疆主要土地利用类型包括耕地、林地、草地、建设用地和园地（新疆维吾尔自治区第三次全国国土调查领导小组办公室等，2022）。除未利用地外，草地面积最大，为5198.6万公顷，占比达到31.22%；其次为林地和耕地，面积分别为1221.25万公顷和703.86万公顷，占比分别为7.34%和4.23%；建设用地中，城镇村及工矿用地面积为141万公顷，占比为0.85%（见图8-5）。

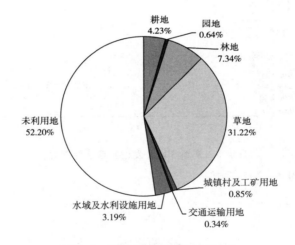

图 8-5 新疆土地利用类型与占比

资料来源：新疆维吾尔自治区第三次全国国土调查领导小组办公室等，2022。

二 新疆资源环境空间格局

从总体上看，新疆资源环境的空间组合不尽如人意。在地形地貌的作用下，新疆的资源环境基础的空间组合重心发生了明显的西北偏向。新疆人类活动的空间组织特征恰恰反映了这种资源环境空间组合。

借助 ArcGIS 空间统计工具中的 Mean Center 工具，分别计算新疆几何中心和人口重心，其中人口重心由新疆分县人口数据分析计算得出。计算结果显示，新疆的地理几何中心大约在尉犁县喀尔曲尕西北的塔里木河南岸；人类活动中心则在天山南麓库车市的阿格以东约 18km 处。两者距离相差 186km。有研究表明，新疆地区经济同样处于不均衡状态，1978～2007 年的 30 年间，新疆经济重心一直位于其地理中心的东北部（除 1985 年外），两者的空间距离呈现出明显增大趋势（刘雅轩等，2009）。这种人口重心、经济重心与地理几何中心之间的偏移状态表明了区域经济发展存在差异性。

新疆资源环境基础的另一个主要特征是生态系统稳定性差。研究表明新疆地区不同生态系统类型生态价值具有明显区别，按照不同土地利用类型区分，水域生态系统服务价值最高，达到 86507.29 元/公顷，林地、草地和耕地次之，分别为 41117.78 元/公顷、13624.38 元/公顷和 13003.38 元/公顷；而未利用地单位面积生态价值仅为 790.36 元/公顷，建筑用地为 82.60 元/公顷（热米娜·沙塔尔，2022）。

作为典型的干旱区，新疆的生态系统极其脆弱。一是尽管拥有全国 1/6 以上的国土面积，但荒漠面积居新疆国土面积的绝对主导地位，其比重（主要为未利用地）高达 52.20%。林地和湿地等优质生态系统在全疆所占面积的比重仅有 8.3%，为人类直接使用的耕地所占比重仅为 4.23%，这与全国 32.0% 的林地与湿地面积和 13.3% 的耕地面积相比，相去甚远。二是适宜人类生存的空间组织形态破碎。绿洲是新疆人类活动的最基本空间组织形态。通常，其空间结构为草场、耕地和村镇。然而，在荒漠的包围和分割下，新疆近 800 个绿洲分散在 6000km 长的三大山地洪积冲积扇上，空间连续性极其脆弱，以致严重影响到绿洲自身生态系统的稳定（阿布都热合曼·哈力克、杨金龙，2006）。

通过分析新疆的地形地貌状况可以看出，上述人口分布状态与当地河流和洪积冲积平原的基本走向相一致。换句话说，在长期资源环境开发过程中，淡水和农用地（耕地和草场）是新疆各族民众生存和发展的关键要素，其中以淡水资源的作用最为关键。

正是在淡水、耕地和草场这三大基本生存要素的作用下，形成了今日新疆三足鼎立的资源环境空间组织格局。这种三足鼎立的资源环境空间组织格局就是为人熟知的北疆、南疆和东疆三个地区。

通过对比三个地区资源环境基础的生存要素可以发现，新疆地区淡水、耕地和草场主要分布在北疆和南疆。数据显示，2020 年东疆地区三大生存要素占全疆比例分别为：淡水 1.86%；耕地 2.38%；草场 10.33%。人口承载量占整个新疆地区的 5.29%，与生存要素的空间分布具有极高的一致性（见表 8-1）。

表 8-1　2020 年新疆区域发展的生存要素对比

| 地区 | 淡水/亿 m³ | | 耕地/万公顷 | | 草场/万公顷 | | 人口/万人 | |
	数量（亿 m³）	比重（%）	数量（万公顷）	比重（%）	数量（万公顷）	比重（%）	数量（万公顷）	比重（%）
北疆	366.05	45.08	375.58	53.36	2454.32	47.21	1196.43	46.28
南疆	430.77	53.06	311.53	44.26	2207.44	42.46	1252.06	48.43
东疆	15.13	1.86	16.75	2.38	536.84	10.33	136.74	5.29
全疆	811.95	100.00	703.86	100.00	5198.60	100.00	2585.23	100.00

数据来源：新疆维吾尔自治区统计局和国家统计局新疆调查总队，2022。

就三个地区的基本功能而言，北疆和南疆是全疆人类长期活动的中心或基地，东疆则是全疆与内地地区进行文明和物质能量输送的基本通道。在维持北疆和南疆两个地区社会经济地位的同时，东疆这一通道的稳定与否对全疆未来社会经济的持续发展起着至关重要的作用。换言之，只有确保东疆生态系统的稳定和安全，才能进一步保障北疆和南疆社会经济的持续发展及国家整体的安全。

第三节　草地资源开发效益

一　新疆草地资源基础与特征

在草地畜牧业方面，新疆作为我国的五大牧区之一，拥有草原总面积（毛面积）5725.88 万公顷，占新疆国土面积的 34.4%。其中，根据第三次全国国土调查数据，新疆草地面积 5199 万公顷，仅次于西藏和内蒙古，居全国第三位，占全国草地面积的 19.65%（新疆维吾尔自治区第三次全国国土调查领导小组办公室等，2022）。

新疆复杂的地理条件和资源禀赋决定了草地面积大、类型丰富和空间分布的特异地带性。新疆草地大部分质量较好，属于一、二等的优良草地约占全疆草地的 36%，属于三等的中等草地约占 30%，属于四、五等的低劣草地约占 34%。占新疆草地面积 38% 的温性荒漠草地，虽然通常植被稀疏，产草量低，却是新疆畜牧业重要的冬、春、秋冷季牧场。新疆有农牧结合的基础，许多农业县也分布较大面积的天然草场（约占全疆草地的1/3），南疆农区的牲畜通常依靠草地和农田饲草及农副产品饲养，接纳不少牧区牲畜过冬。新疆草地的丰富性和特异性，在我国草地中具有鲜明特色，同时它的经济、生态、社会作用对新疆的开发和稳定具有现实意义（新疆维吾尔自治区畜牧厅，1993）。

新疆天然草地类型丰富，包括温性草甸草原类、温性草原类、温性荒漠草原类、高寒草原类、温性草原化荒漠类、温性荒漠类、高寒荒漠类、低平地草甸类、山地草甸类、高寒草甸类和沼泽类 11 个主要类型。其中温性荒漠类草地面积所占比例最大，占全疆草地总面积的 37.26%；其次为低平地草甸类和温性荒漠草原类草地，比例分别为 12.03% 和 11%；沼泽类草地占比最小，仅为 0.47%（新疆维吾尔自治区畜牧厅，1993）。

地理环境对新疆草地资源空间格局形成有决定性作用，气候、地貌、土壤和植被等条件，不仅决定了草地的自然面貌，也决定了草地的利用时期、利用方式和适宜放牧的家畜种类、产草量水平等。其中，气候是草地形成的决定性因素，丰富的光热资源有利于草地植物干物质积累和产草量提高。降水分布的北疆多于南疆、西部多于东部、盆地边缘多于中心、山地多于平原、迎风坡多于背风坡的规律造就了草地植被地区间分异和地带性分布。地貌条件是草地形成中的间接生态因子，土壤和水则是植物生长的基础（新疆维吾尔自治区畜牧厅，1993）。新疆是干旱荒漠地区，水对草地形成和分布影响显著。新疆数百条平原河流沿岸均有草甸植被发育，为平原畜牧业发展提供了良好的条件。

按照放牧季节划分，可以将全疆草地分为夏牧场、春秋牧场、冬牧场、夏秋牧场、冬春牧场、冬春秋牧场和全年牧场。其中冬牧场面积占全疆草地总面积比重最大，为 30.84%，其次为春秋牧场的 18.92%，第三位是全年牧场的 16.23%，其后分别为夏牧场占 12.14%，夏秋牧场占 8.41%，冬春牧场占 7.01%，冬春秋牧场占 6.45%。

新疆共有牧业县区 22 个，半农半牧县区 16 个，占新疆全部 87 个县（市）的 44%。全疆现有国有牧场 130 个，养殖小区总数达到 2800 多个。全疆畜牧业产值由 1978 年的 4.5 亿元提高到 2020 年的 1038.08 亿元。新疆畜牧业产值占农林牧渔业总产值比重常年维持在 20% 左右，低于内蒙古等牧区水平，也低于全国平均水平。

二 新疆草地开发的空间格局

根据第三次全国国土调查数据，新疆各地州草地面积及占比如表 8-2 所示。除表 8-2 中所列各地州外，石河子市、阿拉尔市等 10 个省直辖行政区范围内，草地面积合计 11.3 万公顷。

从表 8-2 可知，阿勒泰地区草地面积最大，达到 886.40 万公顷；其次为巴音郭楞蒙古自治州的 787.76 万公顷。

表 8-2 各地州草地面积及占比

单位：万公顷，%

行政区	行政区面积	草地面积	占比
乌鲁木齐市	111.09	93.14	83.84
克拉玛依市	95.17	24.66	25.91
吐鲁番市	667.84	103.08	15.43
哈密市	1403.56	433.76	30.90
昌吉回族自治州	868.06	339.65	39.13
博尔塔拉蒙古自治州	242.22	140.82	58.14
巴音郭楞蒙古自治州	4778.30	787.76	16.49
阿克苏地区	1299.56	344.96	26.54
克孜勒苏柯尔克孜自治州	733.31	486.54	66.35
喀什地区	1277.89	149.49	11.70
和田地区	2482.58	432.66	17.43
伊犁哈萨克自治州	561.72	333.06	59.29
塔城地区	925.92	631.31	68.18
阿勒泰地区	1180.38	886.40	75.09
新疆维吾尔自治区	16627.60	5198.60	31.26

资料来源：国土调查成果共享应用服务平台，https://gtdc.mnr.gov.cn/Share#/。

各地州草地按照不同类型可划分为天然牧草地、人工牧草地和其他草地（见表 8-3），其中阿勒泰地区的天然牧草地面积最大，达到 739.18 万公顷，其次为塔城地区的 548.88 万公顷；伊犁的人工牧草地面积最大，为 5.69 万公顷，其次为塔城地区的 2.79 万公顷；巴音郭楞蒙古自治州的其他草地面积最大，为 466.02 万公顷，其次为阿勒泰的 145.56 万公顷。

表 8-3　各地州草地类型及面积

单位：万公顷

行政区	天然牧草地	人工牧草地	其他草地
克拉玛依市	3.11	0.15	21.41
乌鲁木齐市	88.36	0.19	4.59
吐鲁番市	72.60	0.00	30.47
博尔塔拉蒙古自治州	132.19	1.83	6.80
喀什地区	79.86	0.03	69.59
伊犁哈萨克自治州	317.79	5.69	9.59
昌吉回族自治州	289.77	0.58	49.30
阿克苏地区	291.26	0.26	53.44
和田地区	349.27	0.09	83.31
哈密市	315.11	0.04	118.60
克孜勒苏柯尔克孜自治州	410.80	1.30	74.45
塔城地区	548.88	2.79	79.65
巴音郭楞蒙古自治州	321.45	0.28	466.02
阿勒泰地区	739.18	1.67	145.56

资料来源：国土调查成果共享应用服务平台，https：//gtdc.mnr.gov.cn/Share#/。

各地州不同季节牧场面积如表 8-4 所示。

表 8-4　各地州不同季节牧场面积

单位：万公顷

行政区	夏牧场	春秋牧场	冬牧场	夏秋牧场	冬春牧场	冬春秋牧场	全年牧场
乌鲁木齐市	11.2	17.95	24.55	0.82	2.61		4.85
克拉玛依市		16.09	32.08				
吐鲁番市	13.13	7.92	37.63			1.31	13.57
哈密市	26.85	76.80	126.98			96.66	70.92

续表

行政区	夏牧场	春秋牧场	冬牧场	夏秋牧场	冬春牧场	冬春秋牧场	全年牧场
昌吉回族自治州	41.64	164.22	313.53		10.36	16.12	11.78
博尔塔拉蒙古自治州	26.54	63.50	76.80				
巴音郭楞蒙古自治州	159.76	89.10	87.55	125.75	86.42	27.52	525.7
阿克苏地区	26.25	13.75	73.46	31.14	23.60	35.44	150.27
克孜勒苏柯尔克孜自治州	27.08			68.06	158.63	74.20	2.31
喀什地区	35.34	5.52	5.92	146.16	10.12	33.45	104.61
和田地区				109.36	109.90		43.46
伊犁哈萨克自治州	113.49	91.42	92.74			42.60	1.71
塔城地区	101.71	196.87	382.82			21.98	
阿勒泰地区	111.8	340.26	508.75			20.10	

资料来源：新疆维吾尔自治区畜牧厅，1993。

此外，各地州理论载畜能力也有较大差别。根据已有测算结果，各地州羊单位理论占有草地面积和理论载畜量如表8-5所示，其中伊犁草地载畜能力最大，只需0.52公顷草地可放养一只羊单位，是全疆平均水平的2倍。高于全疆平均水平的地州还包括喀什、和田、阿勒泰和阿克苏。

表8-5　各地州羊单位理论占有草地面积和理论载畜量

行政区	草地面积（万公顷）	羊单位理论占有草地面积（公顷/羊·年）	理论载畜量（万只羊单位）
乌鲁木齐市	93.14	1.80	51.74
克拉玛依市	24.66	2.58	9.56
吐鲁番市	103.08	1.57	65.66
哈密市	433.76	2.34	185.37
昌吉回族自治州	339.65	2.84	119.60
博尔塔拉蒙古自治州	140.82	1.85	76.12
巴音郭楞蒙古自治州	787.76	1.63	483.29
阿克苏地区	344.96	1.49	231.52
克孜勒苏柯尔克孜自治州	486.54	2.23	218.18
喀什地区	149.49	1.38	108.33

行政区	草地面积 （万公顷）	羊单位理论占有草地面积 （公顷/羊·年）	理论载畜量 （万只羊单位）
和田地区	432.66	1.38	313.52
伊犁哈萨克自治州	333.06	0.52	640.50
塔城地区	631.31	1.60	394.57
阿勒泰地区	886.40	1.43	619.86

资料来源：国土调查成果共享应用服务平台，https：//gtdc.mnr.gov.cn/Share#/；新疆维吾尔自治区畜牧厅，1993。

从计算得到的理论载畜量数据上看，伊犁草地理论载畜量最大，为640.50万只羊单位，其次为阿勒泰的619.86万只和巴音郭楞的483.29万只；克拉玛依由于草地面积小，其理论载畜量最低，仅为9.56万只。

三 新疆草地资源利用状况

新疆草地资源利用方式传统落后，草场一度严重超载过牧、退化严重，2020年新疆畜牧业产值4315.61亿元，位居全国第16位，只占全国畜牧业总产值的不到3.1%。新疆85%的天然草地处于退化之中，其中严重退化面积已占30%以上，草地生态日益恶化，草地产草量和植被覆盖度不断下降。此外农垦对新疆草地占用也影响了草地资源利用，有研究表明，自1975～2015年，新疆耕地面积增加50414.02km^2，增长128.51%，与此相对应，草地面积减少32766.09km^2，下降12.84%（陈曦等，2020）。

新疆牛、羊的存栏数的变化可以反映草地资源利用的总体情况（见图8-6）。新疆牛、羊存栏数自1978年起呈逐年增长趋势，直到2005年达到峰值，这期间，牛存栏数从222.39万头增长到504.16万头，羊存栏数从1927.34万只增长到4355.5万只，分别增长1.27倍和1.26倍。然而自2005年起，牛、羊存栏数一度显著减少，分别缩减到2011年的343.68万头牛和2012年的3578.16万只羊，与2005年峰值相比，分别下降了31.8%和17.8%。随后至2020年，牛、羊存栏数均在波动中有所增长，2020年牛、羊存栏数分别达到528.13万头、4171.28万只，与2005年相比，牛存栏数增长了4.75%、羊存栏数下降了4.23%。

研究表明（热米娜·沙塔尔，2022），新疆草地资源具有显著的生态系

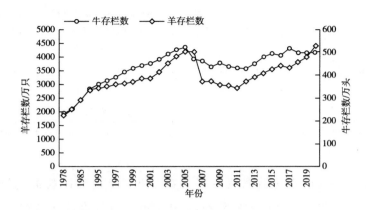

图 8-6　1978~2019 年新疆牛、羊存栏数变化

资料来源：新疆维吾尔自治区统计局、国家统计局新疆调查总队，2021。

统服务价值，除与畜牧业直接相关的食物生产功能外，还具有气体调节、气候调节、水源涵养、土壤形成与保护、废物处理、生物多样性保护、原材料生产、娱乐文化等价值，其中以土壤形成与保护、废物处理、生物多样性保护价值最为突出，三者价值系数分别为 3669.55 元/公顷、2465.18元/公顷、2051.18 元/公顷（见图 8-7）。

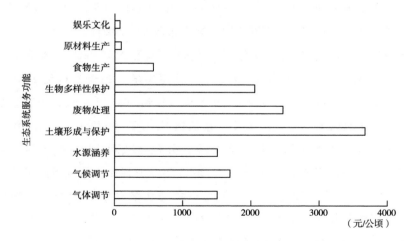

图 8-7　新疆草地生态系统服务功能与价值系数

根据不同土地利用类型生态系统服务价值系数（热米娜·沙塔尔，2022）和第三次全国国土调查数据计算得到不同土地利用类型的生态系统服务价值（见表8-6）。数据显示，新疆草地生态系统服务价值达到7082.78亿元，高于其他土地利用类型的价值。从生态系统功能单项比较上看，草地在气候调节、土壤形成与保护、生物多样性保护、食物生产等功能上均位居第一，在气体调节、废物处理、原材料生产等功能上均位居第二，表明草地资源利用价值相对较高。

表8-6　新疆不同土地利用类型生态系统服务价值

单位：亿元

项目	耕地	林地	草地	水域	建设用地	未利用地
气体调节	66.23	874.84	782.63	0.00	0.00	0.00
气候调节	117.88	674.88	880.46	59.15	0.00	0.00
水源涵养	79.47	799.86	782.63	2620.56	0.00	48.20
土壤形成与保护	193.38	974.82	1907.65	1.29	0.00	32.14
废物处理	217.22	327.44	1281.55	2337.67	0.00	16.07
生物多样性保护	94.04	814.85	1066.33	320.18	0.00	546.26
食物生产	132.45	25.00	293.49	12.86	0.00	16.07
原材料生产	13.25	649.88	48.91	1.29	0.00	0.00
娱乐文化	1.32	319.94	39.13	558.06	1.63	16.07
合计	915.24	5461.51	7082.78	5911.06	1.63	674.81

第四节　草地资源开发方式与空间重组目标选择

一　草畜不平衡问题与已有措施

由于发展方式传统落后，草场严重超载过牧、退化严重。新疆85%的天然草地处于退化之中，其中严重退化面积已占30%以上，草地生态日益恶化。畜牧业主要依赖天然草场，其结果是草场产量随季节和气候变化波动，草畜不平衡，进而导致草场超载过牧而严重退化。

草地产草量和植被覆盖度不断下降，产草量与20世纪60年代相比下降了30%～60%（张彦虎，2016）。导致新疆牛、羊的存栏数一度在2010年前后缩减到低谷。农垦对新疆草地影响也很大，有研究表明，自 1975～2015 年，新疆耕地面积增加 50414.02km²，增长 128.51%，与此相对应，草地面积减少 32766.09km²，下降 12.84%（陈曦等，2020）。

此外，由于平原与山地草地季节性组合经营、转场距离长、生态系统脆弱等特点，造成牧草产量与质量的季节不平衡性、牧草产量年度间不平衡性、水草不平衡性。

近年来，新疆在人工种草、草原禁牧、草畜平衡、草原鼠害防治等方面取得了一定的成效（见表 8-7）。

表 8-7 2013 年新疆部分地区人工种草与禁牧、草畜平衡面积统计

行政区	2013 年实际完成情况
和田地区	标准人工饲草料地 4.18 万亩，草原禁牧面积 936 万亩，草畜平衡面积 2645 万亩
昌吉回族自治州	苜蓿、苏丹草等 78.1 万亩，禁牧面积 2030 万亩，草畜平衡面积 4688 万亩
博尔塔拉蒙古自治州	新建饲草料地 14541 亩，优质牧草累计保留种植面积 6.97 万亩，草原围栏 80 万亩，草原鼠害防治 30 万亩
阿勒泰地区	新增人工草场 13.51 万亩，高产苜蓿地 8.31 万亩，完成鼠害控制面积 587 万亩，虫害控制面积 321.33 万亩
阿克苏地区	新建苜蓿 15.94 万亩，人工种草保留面积 87.17 万亩，灌溉缺水草场 55.7 万亩，禁牧 820 万亩，草畜平衡 4093 万亩
塔城地区	人工饲草料地面积 64 万亩，禁牧面积 1618 万亩，草畜平衡面积 6545 万亩

资料来源：张彦虎，2016。

为天然草场得到休养生息，达到草畜平衡，实现草原资源的永续利用，从 2003 年开始，国家在内蒙古、新疆、青海、甘肃、四川、西藏、宁夏、云南 8 省区和新疆生产建设兵团启动了退牧还草工程。

2003～2015 年，全疆退牧还草工程项目累计实施禁牧、休牧和划区轮牧 1484.67 万公顷，其中，禁牧 387.33 万公顷、休牧 896.67 万公顷、轮牧 200.67 万公顷；退化草原补播 381.73 万公顷。2003～2014 年，建设人工草料地 6.87 万公顷，舍饲棚圈建设 5.6 万户。2011～2014 年累计核减转移性畜 870.18 万羊单位（新疆维吾尔自治区草原总站，2011～2015）。

2010 年，国务院常务会议决定，国家从 2011 年开始在内蒙古、新疆、

西藏、青海、四川、甘肃、宁夏和云南8个主要草原牧区省（区）及新疆生产建设兵团，全面建立草原生态保护补助奖励机制。其中，新疆草原生态保护补助奖励政策的内容除牧草良种补贴和牧民生产资料综合补贴外，主要涉及两个方面：一是实施禁牧，新疆实施草原禁牧1009.99万公顷；二是实施草畜平衡，退牧还草休牧以外的草畜平衡区面积为3590.01万公顷（见表8-8）。

表8-8　2011~2015年各地州禁牧与草畜平衡情况

单位：万公顷

行政区	禁牧面积	严重退化区和风沙源区	重要水源地和保护区	草畜平衡面积
乌鲁木齐市	51.33	36.33		57.47
克拉玛依市				34.47
吐鲁番市	66.53	66.53		9.6
哈密市	68.33	44.67	0.67	247.47
昌吉州	135.33	105	1	312.53
伊犁州	29.33	18	4.33	279.27
塔城地区	107.87	78.53	0.67	436.33
阿勒泰地区	136.33	82.67	1.33	570.67
博州	54.67	28	1	74.6
巴州	105.2	83.53	1	670.53
阿克苏地区	54.67	51.67		272.87
克州	96	92		206.87
喀什地区	42	39.33		241
和田地区	62.4	61.07		176.33
合计	1009.99	787.33	10	3590.01

资料来源：张新华等，2019。

2016年，农业部、财政部共同制定了《新一轮草原生态保护补助奖励政策实施指导意见（2016—2020年）》，根据通知精神，新疆启动新一轮草原生态保护补助奖励机制。此外，新疆还实施草原禁牧政策，实施禁牧草原面积1000.67万公顷（见表8-9）。

表 8-9　2016~2020 年各地州禁牧与草畜平衡情况

单位：万公顷

行政区	禁牧面积	严重退化区和风沙源区	重要水源地和保护区	草畜平衡面积
乌鲁木齐市	51.33	50	1.33	57.47
克拉玛依市				34.47
吐鲁番市	66.53	66.53		9.6
哈密市	67.67	67	0.67	254.13
昌吉州	134.33	131	3.33	313.53
伊犁州	25.67	9.67	16	283.6
塔城地区	107.2	105.2	2	437
阿勒泰地区	135	131.67	3.33	572
博州	53.67	50.67	3	75.6
巴州	104.2	102.2	2	671.53
阿克苏地区	54.67	52.33	2.33	272.87
克州	96	96		206.87
喀什地区	42	42		241
和田地区	62.4	62.4		176.33
合计	1000.67	966.67	33.99	3606

资料来源：张新华等，2019。

2021 年 8 月，财政部、农业农村部和国家林草局联合印发《第三轮草原生态保护补助奖励政策实施指导意见》（财农〔2021〕82 号，以下简称《意见》），明确"十四五"期间，国家继续实施第三轮草原生态保护补助奖励政策（以下简称草原补奖政策），并增加了资金投入，扩大了政策实施范围。

随着人工草场面积不断扩大，既改善了草原生态，也为现代畜牧业的发展提供了饲草料保障。从 2010 年到 2013 年，人工草场面积从 904 万亩增加到 1021 万亩，其中，苜蓿增长尤为突出。2011~2015 年，苜蓿年产量从 139.94 万吨增长到 225.45 万吨，增长率达到 61.10%。人工草原面积的增加，产草量的增加，减少了草原放牧的压力，天然草原超载率由实施草原生态补奖机制前 2010 年的 33%降至 2016 年的 9%（张新华等，2019）。

2021 年，新疆天然草原实施禁牧休牧轮牧面积 4181.3 万公顷，其中禁牧面积 1062.1 万公顷，休牧面积 2229.7 万公顷，轮牧面积 889.5 万公顷。

禁牧休牧轮牧制度使草原生态稳步恢复。

二　草地资源开发面临的其他突出问题

1. 草场利用的季节不平衡

与其他省区显著不同，新疆地域辽阔，同时在复杂地形影响下各地局部气候不同，形成不同类型的季节草场。因此造成严重的草场利用率不平衡情况。由于草场季节利用不平衡，特别是冬春草场保障能力不足，牲畜经常出现"夏饱、秋肥、冬瘦、春死亡"的现象。1965～1980 年，新疆每年死亡的牲畜都在 200 万头以上，最多的 1966 年死去 410 多万头，比当年国家收购的商品畜多 1 倍以上（侯学煜，1984）。抵御自然灾害能力严重不足。仅在 2010 年由于雪灾等不利因素影响就造成全疆牲畜非正常死亡 54 万多头，其中羊死亡数为 46 万多只。新疆每年有近百万头牲畜死亡，大部分是由于饲料不足、营养不良所引起，而牲畜掉膘的损失是死亡损失的 4 倍（张立中、辛国昌，2013）。

2. 草场受到破坏

在干旱区，草场退化是人类活动和自然因素双重作用的结果，其中农田扩张对草场的挤占最为典型。20 世纪 80 年代以前，新疆在"以粮为纲"和"牧民不吃亏心粮"口号下，大面积开垦草场，毁草种粮，严重破坏畜牧业。20 世纪 50～80 年代，全疆累计开荒 5100 万亩草场。此外，部分地区还存在因甘草、麻黄、罗布麻等中草药开采、燃料需要而破坏草场的情况。如甘草在南疆地区广泛生长，一度因外贸部门大力收购，全疆因挖甘草被破坏的草场约 2300 万亩。1979～1981 年每年平均出口甘草 4 万吨，仅喀什地区每年挖甘草约 1000 吨。另外，部分缺少燃料的地区，农民会把芦苇草场和盐碱地上的红柳砍光，将牧草作为燃料同样破坏了草场（侯学煜，1984）。

3. 基础设施建设对草场的影响

新疆是灌溉农业，随着种植业发展，兴修水库、开凿渠道引水、截流灌溉农田等既影响水库、灌区周围土壤，还会造成水文地质条件变化，导致草地面积缩小、草产量下降（新疆维吾尔自治区畜牧厅，1993）。平原水库选择积水的低洼草地以前都是水草丰茂的优良草甸草场或高草草场。这些草场被水库淹没后，草场缩小。平原水库多修在河流上游，影响下游水量和地下水位，以致下游天然胡杨林的"双层牧场"消失（侯学煜，1984）。

三 开发方式与土地利用空间重组对策

1. 草地资源保护依赖新疆的"山""水"环境

新疆作为自然环境脆弱的地区，维持自身生态系统稳定应是地区持续发展的首要任务。根据新疆所处的干旱区特征，其欲实现本地资源环境基础的稳定，关键在于淡水资源来源的稳定。在新疆这一典型干旱地区，除降水量的大小外，地表水及地下水流动的大小和多寡取决于地形高低及所在地区的植被状态。

新疆全境绝大多数的地表水和地下水均来自昆仑、天山和阿勒泰三大山地的高山冰川融水和其他类型降水。正是这种河流的走向决定着全疆草场、耕地和人口大多布局在三大山地前沿地带。为此，要持续开发利用新疆的草地资源，就要保障新疆淡水资源的来源稳定，就必须保护好这三大山地及其垂直带的植被生态系统，以及与之相连的地下水层系统。因此对新疆资源环境基础的保护就需要"保水"与"护山"并重。

2. 农林牧用地统筹促进草地资源可持续利用

基于新疆土地利用结构特征，协调农业、林业、草业发展，通过农牧结合、林牧结合模式的应用，促进草场可持续利用。

其中农牧交错是新疆的一大特色，所有的牧区都有相当面积的耕地，草地和农田基本呈穿插分布，每年生产大量饲草饲料，提供的农副产品、饲料的数量尤为可观，可养畜量占全疆载畜量的近1/3。因此农牧结合是解决草场资源季节不平衡的重要措施。新疆具有实行农牧结合、实施异地育肥和发展农区畜牧业以及向牧区输送饲草饲料的优越条件，可以通过实行草田轮作制提升土地利用效率（张立中、辛国昌，2013）。

制定完善扶持饲草产业发展的优惠政策，重点支持饲草种质资源保护与利用，推广紫花苜蓿、玉米、高粱、棉籽、饼粕等饲料资源。鼓励企业进入饲草生产行业，培育饲草产业链，补齐仓储、机械化等配套设施建设。对饲草种植给予优惠政策和补贴支持。鼓励合理调节畜禽结构和养殖数量，使之与饲草资源相匹配，促进种植业、畜牧业、林果业协调发展。

在林牧结合方面。防护林可对草场有多种作用，一是保水和改良土壤；二是树叶可以制成饲料；三是树枝、林下灌木可充作燃料，减少对牧草破坏。因此通过林牧结合可以进一步丰富饲草来源，减少草场开发压力。

3. 草地资源保护与开发相结合

除了继续执行现有的草畜平衡政策，减少破坏草场行为，还要平衡资源保护与经济发展的关系，通过畜牧业提质升级、畜产品产业、发展生态旅游发展，带动草地资源保护。

草种是发展现代畜牧业、修复退化草原生态系统、调整种植业结构的基础。草种中饲草主要以紫花苜蓿、红豆草、三叶草等豆科植物和饲用燕麦、多年生黑麦草等禾本科植物为主。《2023 年度全国草种供需分析报告》显示，2021 年底，全国主要草种生产区种子收获面积约为 65 万亩，草种收获总产量为 3.48 万吨。其中，新疆草种面积 2.66 万亩，占全国的 4.1%，种子产量 0.18 万吨，占全国的 5.2%，处于较低水平（国家林草局国有林场和种苗管理司，2022）。因此要重视良种繁育工作，培育性状优良、产量高的优良品种。

畜牧业生产是一个劳动者与动植物之间"能量与物质交换的过程"，是农业生产的重要组成部分（高培元等，2015），研究畜牧业发展对草场可持续利用具有重要的现实意义。中华人民共和国成立以来，新疆先后育成新疆毛肉兼用细毛羊、新疆羔皮羊、新疆褐牛等品种，也改良了许多地方品种，应进一步推动优质畜牧资源开发工作，在改善饲管条件的基础上，因地制宜地改良品种。

4. 推动草地资源精细化管理

在草原建设上，持续提升精细化管理水平。减少对草地资源面积扩张的需求，根据水资源确定草地资源利用强度。参照高标准农田建设工作，提高草地开发的建设标准，通过推广人工种草、飞播牧草、草场改良、围栏封育等技术措施，以及对沙化退化草场的治理，建设高收益高标准草场。

在监测监管方面，利用遥感、无人机等技术定期对草场状况进行监测和评估，加大对超载放牧行为的监督和治理力度，干预草场保护。应用遥感技术和牲畜自动识别技术，监测监管过度放牧行为。

第五节　结论

新疆作为生态脆弱的干旱地区，区域社会经济发展受到资源环境基础的极大制约。资源环境综合评价的结果表明，新疆的资源环境基础脆弱、要素结构的稳定性差。此种特征决定了新疆地区现代化发展有赖于资源环境基础的稳定，其中尤以淡水资源来源的稳定最为重要。资源环境空间组合的分析结果表明，尽管草地资源在新疆土地利用类型中所占比重较大，但其可持续开发利用依赖于农、林等用地类型的支撑，更依赖于总体的山水环境。

薄弱的资源环境基础决定了全力维护这一基础的稳定性事关未来新疆的区域社会经济发展和现代化进程。对于资源环境的利用应坚持"取之有度、用之有效"的原则，针对草地资源则应吸取历史经验教训，合理开展放牧活动，减少因草畜失衡引发资源环境基础的破坏。通过进一步落实草原生态保护补助奖励政策和禁牧休牧轮牧制度，减少草原放牧压力，改善草原生态。

参考文献

阿布都热合曼·哈力克，杨金龙，2006，《新疆草地生态价值及其可持续开发利用的研究》，《干旱区资源与环境》第 5 期。

陈曦，常存，包安明等，2020，《改革开放 40a 来新疆土地覆被变化的空间格局与特征》，《干旱区地理》第 1 期。

程国栋，张志强，李锐，2000，《西部地区生态环境建设的若干问题与政策建议》，《地理科学》第 6 期。

崔嘉进，林新慧，2004，《新疆农业结构调整与牧区水利建设》，《中国农村水利水电》第 2 期。

段汉明，2000，《人居环境发展的动态特征：以新疆为例》，《西北大学学报》（自然科学版）第 5 期。

高培元，黄玲娣，郭同军等，2015，《新疆草食畜牧业发展难点问题研究》，《新疆财经》第 1 期。

国家林草局办公室，农业农村部办公厅，2021，《关于落实第三轮草原生态保护补助奖励政策 切实做好草原禁牧和草畜平衡有关工作的通知》，https：//www. forestry. gov. cn/main/586/20211208/101325708851570. html。

国家林草局国有林场和种苗管理司，2022，《2023 年度全国草种供需分析报告》，https：//www. forestry. gov. cn/main/586/20221120/215148550687091. html。

《国务院常务会决定建立草原生态保护补助奖励机制》，https：//www. gov. cn/ldhd/2010-10/12/content_ 1720555. htm。

侯学煜，1984，《从新疆草畜资源的优越性谈该区的畜牧业发展》，《自然资源》第3期。

江惠，王明利，励汀郁等，2023，《新疆草原畜牧业转型升级：发展现状、现实困境与实现路径》，《华中农业大学学报》第5期。

刘雅轩，张小雷，雷军等，2009，《近30年来新疆经济重心转移路径》，《干旱区地理》第3期。

《农业部办公厅 财政部办公厅关于印发〈新一轮草原生态保护补助奖励政策实施指导意见（2016—2020年）〉的通知》，https：//www.moa.gov.cn/gk/tzgg_1/tfw/201603/t20160304_5040527.htm。

热米娜·沙塔尔，2022，《不同土地利用类型下的新疆生态系统服务价值变化评估及影响因素分析》，新疆农业大学硕士学位论文。

苏里坦，宋郁东，张展羽，2005，《近40a天山北坡气候与生态环境对全球变暖的响应》，《干旱区地理》第3期。

新疆维吾尔自治区草原总站，《新疆草原资源与生态监测报告》，2011~2015。

新疆维吾尔自治区畜牧厅，1993，《新疆草地资源及其利用》，乌鲁木齐：新疆科技卫生出版社。

新疆维吾尔自治区第三次全国国土调查领导小组办公室，新疆维吾尔自治区自然资源厅，新疆维吾尔自治区统计局，2022，《新疆维吾尔自治区第三次全国国土调查主要数据公报》，http：//zrzyt.xinjiang.gov.cn/xjgtzy/c106577/202201/4462e9b540c94bf3ad1ee451e953af4b.shtml。

新疆维吾尔自治区统计局，国家统计局新疆调查总队，2021，《新疆统计年鉴2021》，北京：中国统计出版社。

张雷，杨波，2019，《国家人地关系演进的资源环境基础》，北京：科学出版社。

张立中，辛国昌，2013，《农牧结合型草原畜牧业发展模式探索——以新疆为例》，《科技和产业》第11期。

张新华，吴娟，蒋小凤等，2019，《新疆草原生态补偿问题研究》，北京：中国言实出版社。

张彦虎，2016，《新疆草地农业发展模式研究》，北京：中国社会科学出版社。

第九章　西藏

第一节　基本情况

西藏自治区地处我国西南边疆，面积 120.28 万 km^2，约占全国国土面积的 1/8，是仅次于新疆的国土面积第二大省（区）。西藏高原位于青藏高原的南部，是青藏高原的主体部分。西藏高原是世界上海拔最高的地理区域，平均海拔 4000m 以上，高原上冰川、河流、湖泊发育，是亚洲主要河流的发源地。影响着黄河、长江、澜沧江（湄公河）、雅鲁藏布江、印度河、恒河等十余条亚洲地区主要河川干流的河水量，有"亚洲水塔"之称；青藏高原孕育了独特而丰富的野生动植物，是我国重要的生态屏障，发挥着"江河源"和"生态源"的重要功能，在全球具有极其重要的生态战略地位。

一　高原、山地为主体的地理环境

西藏地处北纬 26°50′~36°53′、东经 78°25′~99°06′之间，南北跨越 10 个纬度，地形由高山、高原、湖盆、谷地等组成，高原和高山为地貌主体，平均海拔在 4000 米以上。高原上分布有巨大的山系，从南到北排列有喜马拉雅山、冈底斯山、念青唐古拉山、喀喇昆仑山等，山岭上发育着众多的现代冰川。山脉之间挟持着金沙江、澜沧江、怒江和雅鲁藏布江等深切峡谷，冰川融水是这些大江大河的水源。高原面上分布着低山、丘陵和宽谷盆地等组合的地貌形态。巨大的山系、深切的峡谷、宽浅的盆地、冰川、裸岩、戈壁，多种多样的地形地貌，反映了西藏高原自然条件的复杂性和自然资源的丰富性特征。

　　就地貌形态而言，西藏主要分为喜马拉雅高山区、藏南山原湖盆谷地区、藏北高原湖盆区和藏东南高山峡谷区 4 个地貌类型区。不同的地貌形态，形成了不同的地理气候环境。

　　喜马拉雅高山区位于西藏南部，由东西走向的喜马拉雅山、冈底斯山等平行山脉组成，平均海拔 6000 米左右。山区西部海拔高，气候干燥寒冷，东部气候温和，雨量充沛，森林茂密。喜马拉雅山顶部长年覆盖冰雪，其南北两侧的地貌与气候迥然不同。南侧峡谷深切，地势急剧下降到海拔 3000～3500 米。南侧降水丰富，为湿润半湿润的高山峡谷区，峡谷区以热带、亚热带的湿润半湿润型气候为主；北侧为地势开阔的高原面和若干宽谷盆地，大部分地区在海拔 4500～5200 米，地势向北和向东倾斜，以温带半干旱气候为主。喜马拉雅高山区气候垂直地带性特征十分显著，从低山热带、山地亚热带到高原温带、高原寒带等不同气候带均有表现。

　　藏南山原湖盆谷地区位于冈底斯山脉和喜马拉雅山脉之间，即雅鲁藏布江及其支流流经的地域。这一带有许多宽窄不一的河谷平地和湖盆谷地，地势较低，气候温和，属于高原温带半干旱气候区。因地处喜马拉雅山脉北侧背风带，降水远较南侧山地减少，气候相对干燥。

　　藏北高原湖盆区位于昆仑山、唐古拉山和冈底斯山、念青唐古拉山之间，约占全自治区面积的 2/3。由一系列浑圆而平缓的山丘组成，山丘相对高差在 100～400 米，其间夹着许多盆地，低处常潴水成湖。藏北高原湖盆区海拔高、温度低，属于高原亚寒带半干旱气候区。

　　藏东南高山峡谷区位于横断山区，由一系列东西走向逐渐转为南北走向的高山深谷构成，其间分布有怒江、澜沧江和金沙江三条大江。虽然山体高耸，山顶积雪终年不化，但谷地海拔较低，一般在 2000～3000 米。受西南季风暖湿气流影响，谷地气候温暖湿润，属于亚热带湿润和半湿润气候区；山地垂直气候带的空间分异特征显著。

　　西藏高原海拔达 4000～5000 米，改变了周边的大气环流形势，使得气候条件与东部同纬度低地迥然不同，形成了独特且复杂多样的高原气候环境。从北向南，依次涵盖了寒带、温带和热带等气候类型，总体上具有西北严寒干燥、东南温暖湿润的特点。大部分地区气候寒冷干燥，降水稀少，年均降水量在 500mm 以下，干湿季分明，降水集中在夏季。冬春干燥多大风，气压低且氧气含量少。

二 社会经济概况

西藏是我国人口规模最小的省区，2021年全区常住总人口366万人，城镇人口134万，乡村人口232万，城镇化率36.6%（见图9-1），远低于我国65%的平均水平。与全国大部分省区人口总量呈下降的趋势相比，西藏人口总量近20年来呈小幅增长趋势。

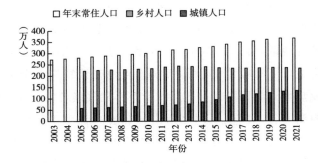

图9-1 2003~2021年西藏城镇人口变化

资料来源：历年《西藏统计年鉴》。

受高寒干旱等自然因素制约，西藏经济发展规模小，水平普遍较低。2022年全区GDP 2132.7亿元，第一产业增加值180.2亿元，占全区GDP的8.4%，第二产业增加值804.7亿元，占比37.7%，第三产业增加值1147.8亿元，占比53.8%。过去20年来，西藏第一产业比重下降明显，从21世纪初的21%下降到目前不足10%；第二产业比重逐年上升，第三产业比重总体稳定。2003~2022年西藏三次产业增加值变化如图9-2所示。人均地区生产值明显低于全国水平，2022年全国人均GDP为85698元，西藏人均为58588元，不足全国人均产值的70%。

作为我国五大牧区之一，西藏草地规模占全国天然草地总面积的1/5，占全区土地总面积的2/3（杨富裕等，2004）。草地畜牧业是西藏第一产业发展的支柱，近20年来，草地畜牧业产值占西藏农业总产值的50%左右（见图9-3），且总体保持稳定。西藏东部地区畜养的牲畜以牦牛为主，中部地区牦牛、羊并重，西北地区则以绵羊和山羊为主。

近年来，随着我国生态文明建设的不断深化，青藏高原实施了一系列生态保护与修复治理工程。为了保障草畜平衡，促进高寒草地生态修复，西藏牲畜养殖规模呈现减少趋势。

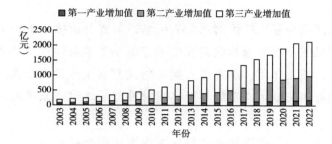

图 9-2　2003~2022 年西藏三次产业增加值变化

资料来源：历年《西藏统计年鉴》。

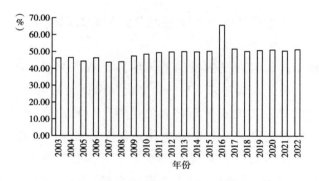

图 9-3　2003~2022 年西藏草地畜牧业产值占农业总产值比重变化

资料来源：历年《西藏统计年鉴》。

第二节　土地资源本底特征

一　多样化的生态景观本底

西藏高原地域广阔，自然地理水平地带性特征显著。从东南到西北分布着亚热带、温带和寒带以及湿润区、半湿润到干旱区的气候类型区。因此，西藏气候条件空间差异大，总体上呈现自东南向西北从温暖湿润到高寒干旱的带状变化特征，年均降水量在74.8~901.5毫米，年均气温-2.8℃~11.9℃；日照时间长，辐射强烈，紫外线强，对植物生长发育的有效性高。

在西藏南部和喜马拉雅山脉毗邻区域，河谷与山体巨大的地势高差引起的水热差异使自然地理景观表现出明显的垂直地带性规律，水平地带性和垂直地带性相互作用，形成了青藏高原独有的生态地理景观。几乎涵盖了世界上所有的陆地生态系统类型，同时发育了青藏高原独有的高寒生态系统类型。

受夏季暖湿的印度洋西南季风和冬季干冷的西风环流交替影响，青藏高原气候类型从东南向西北呈现为暖温湿润—寒冷半湿润—寒冷半干旱—寒冷干旱的规律性变化；植被类型表现为森林—草甸—草原—荒漠的地带性变化，拥有森林、灌丛、草地、湿地、荒漠、高山冰原等所有陆地生态系统类型。

在复杂多样的地形地貌与气候空间分异特征共同作用下，西藏地区形成了多样化的生态地理景观。

喜马拉雅山南北两侧气候条件差异明显，植被类型分布空间差异大。夏季来自孟加拉湾的暖湿气流受喜马拉雅山体阻挡，南坡形成丰沛的降水，冬季来自北方的寒流亦受山脉阻挡，使得喜马拉雅山南麓气候暖热湿润，相对高差大，气候变化显著，草地垂直分布特征明显，带谱结构复杂，为热带、亚热带山地垂直分布类型。1000米以下为热带季雨林，1000~2000米处为亚热带常绿林，2000米以上为温带森林，4500米以上为高山草甸。山麓河谷地带呈现热带常绿雨林、季雨林等热带森林景观。森林植被遭到破坏后，则以热性草丛和热性灌草丛等次生演替植被景观为主（崔恒心、维纳汉，1997）。北坡主要为高山草甸，4100米以下河谷有森林及灌木。

藏南谷地位于喜马拉雅山脉和冈底斯山脉之间，雅鲁藏布江及其支流流经该区域。这一带由许多宽窄不一的河谷平地和湖盆谷地组成，气候温和，因地处喜马拉雅山脉北侧背风带，降水远较南侧山地减少，气候相对干燥，地带性植被为温性草原类型。由于地形平坦，土质肥沃，这里也是西藏主要的农业区，其以草地和农田生态景观为主。

藏北高原位于昆仑山、唐古拉山和冈底斯山、念青唐古拉山之间，约占全自治区面积的 2/3。由一系列浑圆而平缓的山丘组成，其间夹着许多盆地，是西藏主要的牧业区。受水热条件影响，藏北高原高寒草地类型发育齐全，自东南向西北呈现高寒草甸—高寒草甸草原—高寒草原—高寒荒漠草原—高寒荒漠等草地景观。

藏东南高山峡谷区位于横断山区，由一系列东西走向逐渐转为南北走向的高山深谷构成，其间分布有怒江、澜沧江和金沙江三条大江。虽然山体高耸，山顶积雪终年不化，但谷地海拔较低，一般在 2000~3000 米。受西南季风暖湿气流影响，气候温暖湿润，呈现亚热带山地景观，发育着亚热带常绿阔叶林、暖性草丛和暖性灌草丛等地带性植被。

二　以高寒草地为主的土地利用结构

西藏土地面积 120.28 万 km²，是我国面积第二大省区。全区土地资源丰富，适宜性类型众多，空间分布与生产潜力的空间差异显著。

西藏土地利用和土地覆被以草地为主，林地面积也相对较大，耕地和建设用地等用地则规模很小。尽管自从改革开放以来，随着我国工业化和城镇化发展，耕地和城镇建设用地有较大幅度的增加，但规模仍然很小，仍是以草地为主的土地利用和土地覆被结构。第三次国土调查显示，西藏草地面积为 8006.5 万公顷，约占全区总面积的 66.72%，是我国的主要牧区之一，约占我国牧区天然草地面积的 1/5。其次为林地和未利用地，分别占全区面积的 14.91% 和 9.19%，前三者土地类型占全区土地总面积的 90% 以上。水域及水利设施用地、湿地、耕地、交通运输用地、城镇村及工矿用地和园地分别占 4.94%、3.59%、0.37%、0.14%、0.14% 和 0.01%，占据不到全区面积的 10%。

西藏草地面积广阔，类型丰富多样，几乎涵盖了所有的草地类型。连片集中的草地主要分布在气候寒冷干旱的藏北羌塘高原，发育有高寒草甸、高寒草原、高寒荒漠草原等具有西藏高原地域特色的草地资源类型。那曲市是西藏畜牧业的重要基地。阿里地区和日喀则市的草地资源也颇为丰富。阿里地区草地植被类型有温性草地类型、高寒草地类型和草甸。阿里的大半部分草原不适合放牧。日喀则市的草地类型可分为温性草原类、高寒草原类、低地草甸类、山地草甸类和高寒草甸类，高寒草原和高寒草甸是日喀则市的主要草地类型。昌都市的草地类型以高寒草甸类为主，占昌都市草原总面积的 70%左右（吴恒等，2019）。

森林资源主要分布在藏东南的三江流域（金沙江、澜沧江、怒江），属于高山峡谷型林区。这一区域是西藏的原始林区，林草分布呈现规律性的特征。海拔较低的河谷阶地是森林下线，森林长期受人为开发干扰，已经变成大小不等的农田和牧场；林线上部形成山地疏林草甸和灌丛草甸（李文华、赖世登，1994）。藏东南地区主要发展林牧业。藏中和藏南地区的"一江三河（雅鲁藏布江、拉萨河、年楚河、尼洋河）"河谷地带，地势平坦，年降水丰富，气候温暖湿润，是耕地资源集中分布的区域，主要发展农牧业。

西藏耕地多分布于海拔 4200 m 以下热量和水分条件较好的地方，是全国耕地最少、比重最小的地区（张国平等，2003），但其对保障西藏本地区的粮食安全、促进社会经济发展起着至关重要的作用。从改革开放初期到目前为止，西藏耕地规模经历了扩大到缩小的变化态势。从 1980 年到 2000年期间，耕地面积增加趋势显著，年增长率为 3.69%，耕地增加的主要来源为草地和林地。耕地增加主要受粮食需求以及建设用地需求增长驱动。2000~2010 年西藏全区耕地数量明显减少，年减少率为 2.09%，减少去向主要为草地、林地和建设用地。耕地面积减少主要受退耕还林还草等生态保护政策影响（杨春艳等，2015）。

2000~2020 年，西藏主要土地利用类型为草地、未利用地和林地，三者占全区土地总面积的 90%以上。城乡建设用地持续增长，草地持续缩减，其余地类波动式增长，其中变化量最大的是草地与未利用土地的相互转换（陈伊多、杨庆媛，2022）。

三 草地资源类型齐全

草地是西藏地区分布最广的生态系统类型。全区草地面积 80.1 万 km²，占国土面积的 66.72%，居全国各省市区之首。可利用草地面积 70.9 万 km²。

西藏草地类型丰富，从热带至寒温带，从湿润区到极干旱区的各类草地在西藏均有分布。全国 18 个草地类型中，西藏有 17 个草地类型，其中高寒草地是世界上独特的草地类型。不同草地类型分布特征及其规模大小见表 9-1。

　　高寒草原是西藏分布面积最大的草原类型，占草原总面积的 38.93%；其次是高寒草甸，占比为 30.89%；高寒荒漠草原和高寒草甸草原分别占草地总面积的 10.58% 和 6.81%；高寒荒漠类占比为 6.63%，其余草地类型占比相对较低。显然，西藏以高寒类草地占绝对优势，温性类草地、暖性类草地和热性类草地占比很低（见表 9-1）。

　　高寒草原、高寒草甸和高寒荒漠草原是西藏高原三大草地类型，占所有草地类型的 80% 左右。高寒草原是在高海拔地区长期受寒冷、干旱气候的影响，由耐寒耐旱的多年生草本植物或小半灌木植物为建群种构成的植物群落。高寒草原草地植物构成较简单，主要以紫花针茅、固沙草、藏蒿草和冻原白蒿为建群种，广泛分布于西藏北部羌塘高原、藏南山原湖盆、宽谷和雅鲁藏布江中游河谷，是西藏面积最多的草地类型（崔恒心、维纳汉，1997）。

　　高寒草甸是指在寒冷潮湿环境下的多年生中生草本植物为优势种而形成的植物群落，以莎草科的嵩草属和苔草属的植物组成饲用植物，组成较简单。高寒草甸是一种矮草草地，草群较矮，草群覆盖度大，植物生长期较短，产草量较低，但营养价值高，家畜喜食。高寒草甸在西藏分布广泛、海拔差异也很大，主要在林线以上、高山冰雪带以下的高山带草地，藏东南海拔 3800~4400m，藏西北 4300~5300 m 之间均有分布（崔恒心、维纳汉，1997）。

　　高寒荒漠草原是在极寒极旱条件下以小禾草和小半灌木为建群植物的草地类型。以青藏苔草、垫状驼绒藜草地和沙生针茅、固沙草为代表（崔恒心、维纳汉，1997）。主要分布在藏北羌塘高原西部及藏西北高原的辽阔山原，海拔 4300~5300 m 地带。

表 9-1　西藏自治区草地类型及其分布特征

单位：万 hm²，%

草地类型	分布区条件特征	面积	占比
温性草甸草原类	藏东南海拔 3000~4000m 的河谷、山坡及山麓地带；温暖半湿润气候	21.0	0.26
温性草原类	雅鲁藏布江中游，藏南湖盆地，藏东怒江、澜沧江、金沙江海拔 4300m 以下的三江河谷及山坡下部；温暖半干旱气候	171.5	2.09
温性荒漠草原类	藏西孔雀河和象泉河流域海拔 4600m 以下的山坡；温带干旱气候	43.2	0.53

草地类型	分布区条件特征	面积	占比
高寒草甸草原类	分布在海拔 4300~5200m 的羌塘高原南部及藏南山原湖盆区；高寒干旱气候	558.6	6.81
高寒草原类	分布在海拔 4300~5300m 的藏北羌塘高原、藏南山原湖盆、宽谷以及雅鲁藏布江中游河谷；高寒干旱气候	3194.2	38.93
高寒荒漠草原类	分布于海拔 4300~5300m 的羌塘高原西部、藏西北高原；高寒干旱气候	867.9	10.58
温性草原化荒漠类	分布于藏西狮泉河流域海拔 4200~4500m 的和谈沙地和洪积扇下部；温暖干旱的气候	10.7	0.13
温性荒漠类	温暖极干旱的气候条件下发育的草地。主要分布于藏西狮泉河、象泉河海拔 4500m 以下的干旱山坡	4.5	0.05
高寒荒漠类	寒冷极干旱气候条件下发育的草地。集中分布于海拔在 4300~5300m 的藏西高原和羌塘高原北部高原湖相平原	544.2	6.63
暖性草丛类	亚热带气候条件下，在常绿阔叶林迹地上发育的次生多年生禾草和半灌木草地类型，主要分布于藏东南尼洋河下游、察隅河上游和怒江下游海拔 2500~3400m 的山坡及河流高阶地	1.0	0.01
暖性灌草丛类	亚热带气候条件下，在常绿阔叶林迹地上次生发育的散生灌丛与暖性草丛交错分布的草地类型	14.0	0.17
热性草丛类	亚热带常绿雨林和季雨林迹地上发育而成的次生草丛。分布于海拔 2500m 以下的东喜马拉雅山南麓山地亚热带和热带河谷两侧	0.9	0.01
热性灌草丛类	亚热带常绿雨林和季雨林迹地上发育而成的次生热性草丛草地，主要分布于 2500m 以下的东喜马拉雅山南麓山地亚热带和热带河谷谷地两侧	2.8	0.03
低地草甸类	发育于地下水丰富的隐域性草地类型	4.4	0.05
高寒草甸类	高寒湿润、半湿润气候条件下发育的草地类型。藏东南海拔 3800~4400m、藏西北分布在 4300~5300m	2534.2	30.89
山地草甸类	山地温带、寒温带温暖湿润、半湿润条件下发育的草地类型。主要分布在海拔 2800~4400m 的藏东横断山脉和喜马拉雅山脉的亚高山地带	136.8	1.67
沼泽草地类	发育于沼泽的隐域性草地，主要分布在水分补给充足的湖滨、河谷洼地、冰渍洼地等	2.0	0.02
未划分类型草地		93.3	1.14

资料来源：中华人民共和国农业部畜牧兽医司、全国畜牧兽医总站，1996。

西藏草地资源分布广泛，体现在各个行政区均有草地分布。其中位于羌塘高原的那曲市草地面积最大，为 3456.26 万 hm^2，占全区草地总面积的42.12%；其次是阿里地区，草地面积 2175.86 万 hm^2，占全区的 26.52%；日喀则市草地规模为 1273.0 万 hm^2，占全区的 15.51%；昌都市、山南市、拉萨市和林芝市的草地面积占比明显较小（见表9-2）。

表 9-2　西藏各地区的草地分布状况

单位：万 hm^2，%

地市	拉萨	林芝	昌都	日喀则	阿里	那曲	山南
面积	214.0	199.96	573.39	1273.0	2175.86	3456.26	312.73
占比	2.61	2.44	6.99	15.51	26.52	42.12	3.81

资料来源：王建林等，2009。

西藏草地地处高寒地带，受水热条件制约，产草量普遍较低。根据苏大学等 20 世纪 80 年代中后期对全国草地资源的调查评估（苏大学，1995），西藏全区草地年平均可食干草产量为 348kg/hm^2，是全国最低水平。每 100mm降水量能形成 250~300kg/hm^2 干草产量，低于我国温带草原区所形成的干草产量。由此决定了西藏草地的载畜力普遍较低。

根据单位面积可食干草产量来计算，地市行政区中昌都市草地产草量最高，达 887.5kg/hm^2；其次是拉萨市草地，产草量达 734kg/hm^2；林芝市草地产草量为 711.5kg/hm^2；山南市为 638kg/hm^2；日喀则市为 497kg/hm^2；那曲市和阿里地区最低，产草量分别只有 204.5kg/hm^2 和 195kg/hm^2。

不同草地类型的产草量同样差异显著。西藏草地类型中热性草丛类可食干草产量最高，达 2780kg/hm^2，其次是沼泽类，产量为 1169kg/hm^2；平均每公顷 1000kg 以上的其他草地类型分别为山地草甸类、低地草甸类、暖性草丛类、热性灌草丛类、温性草甸草原类。这些草地类型属于西藏草地中产草量较高的草地类型。产草量居中的草地类型为暖性灌草丛、高寒草甸类以及温性草原类，干草产量在 400~800kg/hm^2。产草量低的为荒漠植被和高寒草原植被中的各类草地，可食干草产量大部分在 100~250kg/hm^2（苏大学，1995）。

第三节　草地资源开发效益

草地是世界上分布最广的植被类型之一，是陆地生态系统的重要组成部分。它不仅为人类提供了许多生态产品，而且提供了多种生态服务（于格等，2005），由此产生了重要的生产效益和生态效益。

青藏高原天然草地的覆盖面积约占 70%，其中高寒草地面积占比最大（Yang Y.，et al.，2008），是我国高寒草地分布最广的地区（Piao S.，et al.，2011）。青藏高原草地生态系统是中国及整个亚洲的重要屏障，其具有固定碳素、调节大气环境、涵养水源、保护高原冻土、保护珍稀动物及生物多样性等功能（Gao Q. Z.，et al.，2010）。青藏高原草地生态系统也是中国最大的牧区和最主要的畜牧业生产基地，脆弱的生态系统不仅有重要的生态服务功能，也维持着高原上超过 980 万牧民的生计（Shang Z.，et al.，2014）。

一 草地资源开发的生产功能

1. 历史悠久的游牧业

所谓"游牧"，"从最基本的层面来说，是人类利用农业资源匮乏之边缘环境的一种经济生产方式。利用草食动物之食性与它卓越的移动力，将广大地区人类无法直接消化、利用的植物资源，转换为人们的肉类、乳类等食物以及其他生活所需"（王明珂，2008）。西藏草地资源广阔，早在史前，游牧业已经开始发展。据林芝、昌都等地区出土文物考证，早在 4600年前生活在这里的藏族先民就已经在生产实践中发展了种植业和养殖业。当时的牧民以放牧牦牛为主。[①] 西藏高原史前游牧业的起源比较确切的证据发现在距今 3500~3700 年前的拉萨曲贡遗址。这个遗址不仅出土了丰富的文化遗存，也包括相当多的动物遗骸，其中出土的牦牛、绵羊都属于家畜，这是西藏高原早期游牧业的产物（霍巍，2013）。同时，据西藏古代岩画考证，出现了骑马放牧人和牧民徒步放牧的岩画形象，这是西藏游牧业已出现专业化的标志（呷绒翁姆，2022）。

公元前 9~前 7 世纪，西藏游牧人的活动地域相当广泛，在藏北、藏西和藏南雅鲁藏布江谷地均发现了大量的细石器采集地点，表明他们很可能缺乏定居生活，而多随季节经常性地迁徙流动，以较为单纯的游牧和狩猎

---

① 〔美〕卡拉斯科，1985，《西藏的土地与政体》，陈永国译，拉萨：西藏社会科学院西藏学汉文文献编辑室，第 72 页。

作为生计方式（李永宪，1992）。根据西藏西部阿里东嘎遗址的发掘者推测，历史上皮央·东嘎一带以游牧经济为主，仅在一些海拔较低的河谷地带种植青稞等抗寒作物（四川大学中国藏学研究所，2008），当时居民应当是农牧结合的生活方式（霍巍，2013）

吐蕃时期，西藏畜牧业得到规范发展。牧场作为重要的生产资料，其资源管理已经比较明确，有专业的土地管理人士清查草原牧地数量，并对其登记造册。"牧官"也随之出现，其针对性地管理畜群和放牧辖区，既保证了畜牧业的高效发展，又确保了草原生态环境的长期稳定。宋朝时期，西藏草原承载的畜种越来越多，畜牧业经济在西藏得到稳步发展，牧业生产技术水平也逐步提高。此时的游牧民不仅能够治疗牲畜疾病，还能驯养野牛、野马、野羊等动物，有效改善了西藏单一的畜种结构。同时，这一时期依然盛行游牧业。元朝时期，畜牧业经济已经在西藏得到全面发展。无论海拔高升的藏北高原，还是低海拔的藏南河谷，都可见畜群食草的景象。藏北高原传承着游牧的方式保护草原生态环境，藏南及藏东地区既实行纯游牧业，也发展半农半牧业，西藏畜牧业经济呈现多元化的生产方式。明清时期，牧民已积累了丰富的放牧经验，他们根据季节变化和畜群结构，选择不同畜群在不同草场放牧的管理方式，在加快畜牧业经济发展的同时实现了草原生态环境的可持续发展（呷绒翁姆，2022）。

长久以来，西藏畜牧业处于靠天养畜的原始状态，牧民过着游牧和半游牧生活。西藏高原迄今为止最基本的游牧方式仍是分为夏季和冬季牧场，夏季牧场一般设在远离长久性居住点的高山牧场，冬季牧场则多设立在低谷，距离长久性居住点相对较近。牲畜既是他们生产和再生产的重要生产资料，又是他们衣食住行赖以依存的生活资料。农牧民吃的是牛羊肉，穿的是牛羊皮，烧的是牛羊粪，住的是用畜毛编制的帐篷（周晶，2005）。

游牧业是西藏高原先民对草地资源开发利用的主要方式，这一方式持续了几千年，支撑着藏民族的繁衍生息。

2. 草地资源开发的生产效益

畜牧养殖规模及其产值是草地开发生产效益的直接体现。从1951年西藏和平解放到1959年民主改革前，游牧部落制的生产关系没有彻底改变，西藏农牧业发展缓慢，这一时期牲畜养殖规模基本没有发生变化。1959年以后，随着西藏畜牧业发展经历人民公社制、牲畜牧民家庭承包制、草场—

牲畜牧民家庭双承包制的变革（邓艾，2005），1965~1978 年是西藏畜牧业不断上升，1978~2000 年是西藏牧业大发展时期，畜牧业快速发展，综合生产能力大幅提升。进入 21 世纪，是生态环境保护和现代畜牧业协调发展阶段。2006 年，西藏开始实施退牧还草工程，2010 年国务院决定在西藏、内蒙古、新疆等 8 个主要草原省区实施草原生态保护补助奖励机制，全面推进草畜平衡工作。在生态保护相关政策及工程建设的推动下，西藏牧区牲畜养殖规模缩小，但生产效益持续增大。

如上所述，牲畜养殖规模与西藏牧区体制机制的变革历程密切相关。1951~1959 年，西藏年末牲畜存栏数从 955 万头（只、匹）变为 956 万头（只、匹），几乎没有增长。到 1965 年，年末存栏数上升为 1701 万头（只、匹）。1978 年上升到 2349 万头（只、匹），达到了饲养家畜的第一次高峰，到 1980 年存栏量达到 2351 万头（只、匹）的第二次高峰，2004 年为 2509 万头（只、匹），达历史最高峰。此后，全区年末存栏牲畜数量呈现逐渐下降趋势，到 2020 年牲畜数量几乎与 1965 年相当（见图 9-4）。

从图 9-4 可以看出，以牦牛为主的大牲畜养殖规模长期保持着稳定的状态，而羊群养殖规模变化幅度较大，表明退牧还草、草原生态保护补助奖励机制等措施的实施促进了畜牧业经济发展与草原生态保护的关系不断协调。

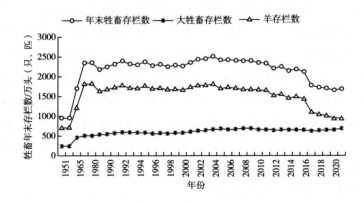

图 9-4　1951~2020 年西藏年末存栏牲畜数量变化

资料来源：历年《西藏统计年鉴》《中国农村统计年鉴》。

在 1959 年前，西藏畜牧业增加值不足 1 亿元，到 1965 年增大到 1.75

亿元，年均增长 14%；1978 年畜牧业增加值为 2.35 亿元，1990 年为 9.36 亿元，2000 年为 23.53 亿元，2010 年为 48.89 亿元，2022 年为 143.4 亿元（见图 9-5）。与 1978 年相比，畜牧业增加值分别约扩大了 4 倍、10 倍、21 倍和 61 倍。从 1978 年到 2022 年畜牧业增加值年均增长率达 9.46%，实现了畜牧业经济的高效发展。牲畜养殖规模减小，产值持续扩大，这是西藏畜牧业产业生产方式由传统的散养放养模式逐渐转变为集中规模化养殖，向现代畜牧业发展的结果。

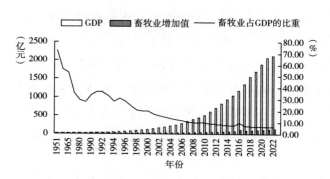

图 9-5 1951~2022 年西藏 GDP、畜牧业增加值及其占比变化

资料来源：历年《西藏统计年鉴》《中国农村统计年鉴》。

与此同时，畜牧业增加值占 GDP 的比重从 1951 年的 72.92%、1965 年的 53.03%、1978 年的 35.61%、2000 年的 19.97% 到 2022 年的 6.72%，畜牧业在 GDP 总值中的占比不断减少，表明西藏产业结构正在不断优化。就西藏农林牧渔业总体而言，近 20 多年来，畜牧业产值占比在 50% 左右且略有上升，表明畜牧业是西藏第一产业的重要支撑，在西藏的经济发展中仍然发挥着举足轻重的作用。

二 草地资源的生态功能

青藏高原耸立于我国西南部，被誉为"地球第三极"和"亚洲水塔"，具有重要的水源涵养、土壤保持、防风固沙、碳固定和生物多样性保护功能，其生态系统质量与功能状况直接影响到我国及南亚、东南亚的生态安全，是我国乃至亚洲的重要生态安全屏障区，是全球生物多样性保护的热点地区，保障生态安全和保护生物多样性是青藏高原生态保护的核心任务。

西藏是青藏高原的主体部分，是保障青藏高原生态安全的重要支撑。西藏草地面积占全区总面积的 66% 左右，即国土面积的 2/3 覆盖着草地植被。显然，草地生态系统是保障青藏高原生态屏障安全的关键所在，发挥着重要的生态服务功能。

1. 固碳功能

生态系统的固碳作用是应对全球气候变化的重要策略和途径。草地作为地球上覆盖面积最广的生态系统类型，其碳蓄积功能不容忽视。20 世纪 90 年代中期，基于第一次草地资源调查结果计算的全国草地总生物量为 22.7 亿 t，平均生物量密度为 526 gm^{-2}。对 1982~2011 年天然草地的生物量估算结果表明，我国天然草地平均地上、地下及总生物量密度分别为 178 gm^{-2}、759 gm^{-2} 及 937 gm^{-2}，地下生物量约是地上生物量的 4.3 倍（沈海花等，2016）。作为我国重要的生态系统，草地生态系统的碳蓄积潜力巨大。

青藏高原是全球气候变化的"敏感区""启动区""调节区"，草地生态系统面积广阔，其碳蓄积作用对于应对气候变化意义重大。

NEP 是指净生态系统生产力，是生态系统净初级生产力（NPP）与土壤碳排放（Rh）之差，可以反映生态系统的碳源/碳汇功能。根据对西藏草地 2000~2014 年的 NEP 评估结果表明（王玮，2019），西藏草地生态系统 NEP 空间分布呈现东南部草甸草原—中部高寒草原—西北部荒漠草原的 NEP 也呈现出逐渐降低的趋势，有明显的空间分布差异。西藏草地 NEP 多年年总平均值为 16.96 $TgC \cdot yr^{-1}$，多年平均值为 20.22 $gC \cdot m^{-2} yr^{-1}$，整体呈现出碳汇状态。2000~2014 年，草地碳汇区（NEP > 0）的面积为 48.74 万 km^2，占西藏地区草地总面积的 58.12%。西藏草地生态系统碳源区（NEP<0）的面积为 35.12 万 km^2，占西藏地区草地总面积的 41.88%。西藏多年年平均碳释放量为 0.6 $TgC \cdot yr^{-1}$，平均固碳量为 17.57 $TgC \cdot yr^{-1}$。

上述结果表明，西藏草地发挥了重要的固碳作用，进一步加强了对草地生态系统的修复管控，其碳汇功能仍有较大的提升空间，这将有助于我国实现碳中和目标。

2. 水源涵养功能

水源涵养功能是指草地生态系统具有供给水源、拦蓄洪水、调节径流、涵养水分的作用（谢高地等，2001；于格等，2005）。然而，由于人类对草地生态系统供给服务的过度利用，使得草地生态系统的生产力下降、物种多样性减少、草原退化、水土流失等生态环境问题日益凸显，导致其水源涵养服务功能受到损害（谢高地等，2001；赵同谦等，2004）。

青藏高原是我国长江、黄河、澜沧江等大江大河的发源地。青藏高原南部与东部河网密布，其河流水资源为近 40% 的世界人口提供着生活、农业和工业用水（徐祥德等，2019）。此外，青藏高原分布着广袤的冰川、冻土和湖泊，是国家重要的战略储水区域，具有极高的水源涵养和水文调节价值（刘军会等，2009）。

在青藏高原上进行土地覆被与土壤含水量之间关系的研究结果表明，广泛分布于青藏高原河源区的高寒草甸草地，植被覆盖度与土壤水分之间具有显著的相关关系，尤其是在 0.2m 深度范围内土壤水分随植被覆盖度呈二次抛物线趋势增加。在保持原有的植物群落和较高植被覆盖度时，土壤上层具有较高的持水能力，降水通过表层向深层土壤渗透的速度缓慢，且具有较均匀的土壤水分空间分布，高寒草甸的水源涵养功能十分明显（王根绪等，2003）。研究表明，西藏草地 1990～2010 年平均水源涵养量为 274.9 亿 m^3a^{-1}（龚诗涵等，2017；黄麟等，2016）。

为了加强青藏高原生态屏障建设，2009 年国家推动实施《西藏生态安全屏障保护与建设规划（2008～2030 年）》。《西藏生态安全屏障保护与建设工程（2008～2014 年）建设成效评估》表明已经取得了良好的生态环境效益。2008～2014 年，植被覆盖度小幅度上升，覆盖度增加的区域面积占全区国土比例的 66.5%。藏北退牧还草工程区内植被覆盖度比工程区外提高了 9.9%～22.5%，平均提高 16.9%。工程区内草丛高度平均增加 2.04 cm，提高了 59.8%。工程区内地上生物量增加 2.67～13.3 g/m^2，平均提高 24.25%，折合每公顷增加干草产量约 85.2 kg，牧草产量显著提高（王小丹等，2017）。藏北草地产水量比工程前增加 10.07%，水源涵养服务上升 8.86%，其中高寒草甸的水源涵养变化速率增长最大，达到了 4.08mm a^{-1}，生态工程对高寒草甸、高寒草原、高寒荒漠草原水源涵养服务功能变化的贡献率分别达到了 13.99%、8.75%、3.71%（宋茜，2023）。

对三江源实施生态保护工程的生态成效评估结果也表明，工程实施后水源涵养量和流域水源供给服务均有所提高，保护区退化草地明显好转，生态工程对林草生态系统服务增加的贡献率达到 24%（Shao Quanqin, et al.，2017）。对不同类型国家级自然保护区以及重点生态功能区草地生态系统变化以及人类活动对包括水源涵养在内的生态系统服务的影响研究表明，生态工程的实施对高寒草地生态系统水源涵养服务的提升起到了积极作用（Huang lin, et al.，2015）。

3. 土壤保持与防风固沙

草地作为一种重要的自然资源，不仅是畜牧业赖以生存和发展的物质基础，而且具有固定地表土壤，提高土壤抗水蚀能力，避免水力侵蚀作用下土壤沉降及流域泥沙输移的能力，此即草地土壤保持功能（李建东、方精云，2017；刘洋洋等，2021）。防风固沙功能是指草地生态系统在风力侵蚀作用下，防止土壤表层颗粒被吹蚀沙化的能力（胡玲等，2021）。

青藏高原生态系统脆弱，高寒干旱荒漠与稀疏植被占 34.9%，土地沙化、水土流失、冻融侵蚀严重，冻融侵蚀极敏感区面积占全国总量的 84.9%，风蚀、水蚀和石漠化极敏感区面积分别占全国的 7.4%、18.7% 和 18.0%。

在全球气候变化驱动下，青藏高原冰川退缩冻土融化现象加剧，由此增大了山体滑坡、泥石流等自然灾害发生的风险。这也导致了高原地区在强降雨侵蚀、冻融侵蚀及重力侵蚀的综合作用下，高海拔的坡度带极易形成大面积的裸地（Peng X., et al.，2017），加剧了土壤侵蚀的风险（Wu Y., et al.，2018）。

目前，青藏高原中度以上水土流失面积 46.00 万 km^2；其中极重度以上占中度以上水土流失面积的 19.23%，西藏草地水土流失中的冻融侵蚀占 50% 以上，主要集中在海拔较高的高山草甸区，是西藏草地水土流失的主要类型；水蚀主要集中在藏东南暖热湿润高山峡谷地区（邵伟等，2008）。青藏高原中度以上沙化土地面积 46.90 万 km^2，藏北羌塘高原高寒少雨，植被覆盖度低，荒漠化严重，是西藏土地沙化最为敏感的区域；青藏高原中度以上石漠化面积 4267 km^2，主要发生在东南部喀斯特地区（王小丹等，2009）。

植被覆盖度良好的草地生态系统是有效抵抗土壤流失和风蚀沙化的重

要屏障（巩国丽等，2014；刘月等，2019），青藏高原草地广布，在土壤保持和防风固沙方面具有无可替代的作用。

青藏高原生态环境治理与生态修复的相关工程，促进了水土流失、土地沙化和石漠化等退化土地面积的缩减以及退化程度的降低，生态效益显著。数据表明，2000~2015年，青藏高原水源涵养、土壤保持和防风固沙服务分别提升了0.70%、1.45%和69.65%。重度（强度）以上水土流失面积从31.37万km^{2}减少到19.53万km^2；重度以上沙化土地面积从35万km^{2}减少到27.69万km^2；重度以上石漠化土地面积从2400 km^{2}减少到2300 km^2。

实施《西藏生态安全屏障保护与建设规划（2008~2030年）》以来，通过防沙治沙，西藏沙化土地面积减少了10.71万hm^2，年均减少1.53万hm^2，年递减率为0.07%，极重度沙化土地向重度或中度沙化转化。日喀则、山南和藏东南防沙治沙的重点治理区工程内外对照，土壤有机质、水分指标分别提高了88.5%、104.4%，植物全碳和干重指标分别提高了9.08%和58.6%，主要植物种类由29种增至49种，植被覆盖度由5%提高到20%以上（王小丹等，2017）。

4. 生物多样性保育

青藏高原地跨植物的泛北极区和古热带区以及动物的古北界和东洋界两大生物地理区域，被誉为我国乃至世界生物多样性、基因多样性的"宝库"和"生态源"。

独特的地理环境孕育了丰富且独特的生物资源。根据第二次青藏高原科考统计发现，青藏高原有维管植物14634种，约占中国维管植物的45.8%，是中国维管植物最丰富和最重要的地区；青藏高原记录有脊椎动物1763种，约占中国陆生脊椎动物和淡水鱼类的40.5%（蒋志刚等，2016）。

青藏高原特有种子植物共有3764种（不包含种下分类单元），占中国特有种子植物的24.9%（于海彬等，2018）。其中，草本植物、灌木和乔木分别占青藏高原特有种数的76.3%、20.4%和3.3%。青藏高原特有种多数为草本植物，这与青藏高原草地广布，不同自然地理带的草地类型几乎均有分布密切相关。

西藏草地生态系统类型多样，构成草地的物种极其丰富，也是动物和微生物的重要栖息地。

据统计，已记录的野生植物共9600多种，含苔藓植物700余种，维管束植物（蕨类和种子植物）7489 种，中国特有植物 2760 种，西藏特有植物 1075 种，各类珍稀濒危保护野生植物 383 种。西藏共有草地植物 3171 种，其中饲用植物有 2672 种（杨富裕等，2004）。

为了加大生物多样性保护力度，目前西藏共建立各类自然保护区 47 个，占全区总面积的 33.9%，其中国家级 9 个、自治区级 14 个、地县级 24 个，使西藏 125 种国家重点保护野生动物、39 种国家重点保护野生植物得到了很好保护。藏羚羊种群数逐年增加，已达 15 万只左右；黑颈鹤数量 7000 只左右；野牦牛数量增加到 1 万头左右；国际动物研究界认为早已灭绝的西藏马鹿被重新发现，种群还在不断扩大，已达 1000 只左右；国家一级保护动物滇金丝猴发展到 700 多只，约占全国种群数量的 33%。有蹄类动物种群如藏原羚、藏野驴、白唇鹿和野牦牛等的数量也在不断增加，雪豹、棕熊等食肉动物数量亦有明显增长，生物多样性保育的功能在持续完善。

三 草地可持续利用的资源生态安全风险

受地形地貌、气象气候条件等自然因素以及放牧、开发建设等人类活动影响，西藏地区草地承载压力低，退化问题突出。

高寒缺氧、干旱少雨、大风低温、无霜期短、土壤肥力差等诸多不利的自然环境因素是导致西藏高原草地退化的重要自然诱因。西藏地区平均海拔高，气候寒冷积温少，无霜期短，植物生长期十分短暂。降水普遍较低且分布不均，草原地区年降雨量从东部 500mm 到西北部不足 100mm，蒸发量达到 2500~3300mm；高原土壤发育年轻、土层薄、结构差、土壤肥力低，植被生长发育的环境条件恶劣。长年的大风导致地表土缺少水分，很容易被扬起，草地被沙土覆盖，草地沙化对植被造成极大的破坏，脆弱的生态环境极易引发草地退化。

西藏草地退化主要表现为草地沙化、荒漠化、土壤盐碱化、鼠害严重以及毒草生长等现象。具体表现为以下两点。一是植被群落高度、覆盖率、产量和质量的四降现象；二是土壤生境的退化，土壤有机质含量降低，反映出土壤性质和微生物的发展趋势对植物生长不利。从植物退化的观点来看，大部分的退化都是以禾草-矮嵩草群落为主要的演替模式，再从矮嵩草到嵩草，再到杂草丛，再到黑土次生裸地（杜帛洋等，2023）。

西藏第二次草原普查（2011～2014 年）结果显示，草原退化面积达 2355.53 万 hm²，占草原面积的 26.71%，其中，草原轻度退化最为明显，面积达 1483.02 万 hm²，占全区草原面积的 16.82%，中度退化面积约为 677.29 万 hm²，占全区草原面积的 7.69%，草原重度退化面积较少，为 195.23 万 hm²，占全区草原面积的 2.21%。藏北草原退化严重，那曲和阿里退化面积分别占 27.71%和 20.75%。与 20 世纪 80 年代第一次草原普查结果相比，那曲市退化面积增加了 446.48 万 hm²，阿里地区变化率最大，是 20 世纪 80 年代的 2.05 倍；藏南地区草原退化面积最大的为日喀则，其退化面积占全区草原面积的 42.68%。山南市和拉萨市退化增加面积都在 100 万 hm²以下（呷绒翁姆，2022；吴晓燕等，2021）。

最新的土地荒漠化和沙化调查结果反映了西藏高原草地退化仍然严峻的现实。据 2022 年发布的第六次全国荒漠化和沙化调查结果显示，西藏自治区沙化土地面积 2096.12 万公顷，较前期减少 62.25 万公顷，约占全区土地总面积的 17.4%，居全国第 3 位，具有类型全、海拔高、气温低、高寒干旱、治理难度大等特点。因特殊的自然环境，沙化土地广布，生态系统不稳定，极易逆转，沙化趋势还未得到全面遏制。

西藏地区人类活动强度总体虽然相对较低，但局部地区的人类活动，仍导致或者加剧了草地退化。

首先表现为家畜数量增加与草地承载力低下之间的矛盾突出，引起草地退化、沙化。研究表明，随着放牧强度的增加，高寒草地优良牧草的盖度、比例和地上生物量均显著降低而杂类草的盖度和比例增加（苗彦军等，2014），特别是优势种群莎草科和禾本科物种的优势度逐渐降低，甚至被杂草类物种取代（杜岩功等，2008）。当林芝市工布江达县境内的高山嵩草草甸草场放牧率从 1.5 羊单位/hm² 增加到 2.2 羊单位/hm² 时，植物群落的地上生物量从 23.01kg/hm² 减少到 6.00kg/hm²；在推荐的 1.5 羊单位/hm² 放牧率下可以获得良好的生态效益（苗彦军等，2014）。

开矿和挖藏药材造成局部地表植被被破坏。西藏矿产资源和虫草等藏药材资源丰富，诱发开采热，造成大量草地被破坏。交通工具在草地上无规则地乱开，形成纵横交错的"公路网"，造成大片草地被践踏，加剧了草地退化速度。私挖草场资源作为燃料。西藏燃料短缺，生活能源以牛、羊粪为主，致使草地土壤有机质得不到补充，草地生态系统中能量、物质不能循环利用，草地营养物质需求入不敷出，形成恶性循环，导致草地退化（索朗曲吉等，2020）。据统计，牧区每年需要燃烧畜粪85万吨，每年约5万公顷牧草被砍伐收割，按产草量3000~4500kg/hm² 计算，全年共消耗牧草15万~22.5万吨，相当于30万~45万只羊一年的食草量（杜帛洋等，2023）。

草地退化加剧鼠虫害风险。统计表明，青藏高原高寒草甸地区鼠害面积达7700万hm²，每年消耗的草料约为1.3亿吨，相当于每年9000万头绵羊的总消耗量（兰玉蓉，2004）。

另外，随着生态保护力度的提高，青藏高原草食性野生动物如藏羚羊、藏野驴和野牦牛等的种群迅速扩大，这些野生动物啃食和踩踏草场，加剧了草场退化压力（索朗曲吉等，2020）。

草地退化导致草场植被组成和草地结构简单，可食牧草产量下降，有毒有害植物增多，载畜量降低，一度造成全区草地超载情况普遍。2003~2004年西藏全区超载率为57.3%，地区间不平衡十分突出，那曲市超载最严重，超载率为63.3%（冷季为154.2%）（张晓庆等，2020）。长期超载加剧了草地资源的破坏程度，使草原生态环境安全风险大大提升。

草地资源不仅是西藏畜牧业可持续发展的重要物质基础和支撑，更是维护青藏高原生态安全的重要根基。加强退化草地综合治理，协调草场保护和利用的关系，推动草地资源的可持续利用，是维护青藏高原社会经济稳步发展、保障生态屏障安全的重要基础。

第四节 草地资源开发方式与空间重组目标选择

一 草地保护与开发的多目标协同

青藏高原生态战略地位突出，藏民族地区稳定发展意义重大。因此，青藏高原草地资源保护与开发必须与耕地、林地等国土资源统筹规划，优化生产、生态和生活空间布局，以西藏高寒草地生态系统全面保护与有效修复为主要目标，提高土地资源利用效率，构筑与资源环境承载力相匹配的高原现代化畜牧业发展格局，实现多目标的协同优化，推动西藏地区生态环境与社会经济的协调发展。

1. 草原增绿扩绿

西藏生态环境脆弱，草场大都分布在海拔 4300～4500 米以上，自然灾害频发，极易产生退化，自我修复能力差。增绿扩绿是改善高寒草地生态环境、提升草地承载力的根本所在。因此，必须遵循自然生态系统演替规律，保护天然植被，保育自然生态系统，加强退化草地生态治理，大幅减少沙化、荒漠化草地面积，全面遏制草原退化现象，促进高寒草地生态系统修复，继而提高草地植被覆盖度，实现草原增绿扩绿的目标。

2. 草牧业生产效能全面提升与农牧民增收致富

西藏天然草原产草量低，载畜量低，季节性草畜不平衡严重，畜牧业发展水平低下。统筹规划高寒草原的科学管护，基于不同草地类型特点进行草种改良、划区轮牧等措施提高天然草地的产草量，促进草产业发展。通过集约化、规模化种植人工草地发展专业化、集约化、高效化的现代化畜牧业，并融合第一、二、三产业的草畜产品加工业和服务业，打造可持续发展的草牧业完整产业链，全面提升西藏草牧业的生产效能，提高满足人民群众消费需求的优质生态产品供给能力，推动农牧民增收致富。

3. "三生空间"格局优化与土地资源效率提高

优化全区生态、生产和生活空间格局，促进生态空间山绿水清、生产空间集约高效、生活空间健康宜居。维持草地生态系统结构完整性，提高草地生态系统良性循环能力，改善重要生态服务功能。因地制宜，把草地、耕地、林地等土地资源开发结合起来，发展可持续的草牧业、农牧业和林牧业，提高土地资源利用效率。

二 草地资源再开发利用方式

1. 土地资源综合开发利用：提升土地利用的多功能性

随着西藏工业化和城镇化持续发展，对土地资源的需求不断增加，同时受多种自然要素制约，土地资源开发利用受限，交通设施和城市建设用地扩大挤占了生态空间，草食性野生动物种群增加与家畜争夺草场，草场围栏激化了家畜与野生动物的冲突等，诸如此类的问题凸显了土地资源供需矛盾。提高土地资源利用效率成为西藏土地利用长期面临的挑战。

土地资源不仅具有提供生态产品的生产功能和经济功能，还具有维护环境的生态功能以及提供就业、居住等的社会保障功能。提高土地利用的多功能性是提高土地资源利用效率和可持续性利用的重要途径。目前，西藏土地资源利用正从长期的生产和经济功能为主向兼顾生态功能的多功能转变。为提升土地利用多功能整体效应并增强土地利用多功能协调性，西藏未来需要继续稳定生产功能、加快提高经济功能、改善生态功能、提高社会保障功能，全面提升西藏土地资源综合利用效率。

2. 纯牧区草地资源开发利用：保护优先、适度开发

藏北为西藏草地资源集中分布的天然牧场，长期以传统自然放牧方式为主。草地生态环境脆弱，沙化、荒漠化严重，生产力低下，区域性超载过牧，草畜矛盾突出，发展高效畜牧业发展的底子差、难度大。优先保护脆弱的生态环境，实行禁牧、轮牧和休牧制度，加强退化草地的生态修复，提高草地植被覆盖度，促进草地质量全面改善提升。基于草地承载能力，适度发展生态畜牧业，促进草地生态系统良性发展。

3. 农区、半农半牧区资源开发利用方式：调整结构、提高效能

在藏东、藏南半农半牧区和"一江三河"的农区，利用较好的水热自然条件，调整农牧业土地利用结构和种植结构，种植结构由传统粮食作物、经济作物组成的二元结构逐步向粮食作物、经济作物、饲料作物组成的三元结构转变。扩大饲草种植规模，建立优质牧草生产基地。在东部低海拔地区种植苜蓿等耗水饲草，在水热条件较好的中部地区种植青贮玉米等高产饲草，在藏南那曲、西部日喀则高海拔地区种植燕麦等耐寒饲草，全面提高农区牧草产量和质量。通过全区"南草北调"，实现藏北草原"生态置换"，减轻藏北高寒草原压力。发展农区畜牧养殖业和农畜产品加工业，建立高效的畜牧业生产体系，提升西藏农畜产品的供给功能，推动高效畜牧业向半农半牧区和农区转移。

4. 草地经济植物资源的开发利用

西藏草地经济植物资源丰富多样，共有草地植物 3171 种，其中饲用植物有 2672 种。西藏野生植物大多具有抗旱、抗寒、抗低氧和抗强辐射的性能，具有良好的开发前景。藏药产业已经为西藏的经济发展做出了贡献。充分利用药用植物、食用植物、保健植物、工业原料植物等草地经济植物资源，持续推动多种用途的生态产品开发，构建西藏地域特色的系列生态产品产业，促进农牧民增收致富。

5. 挖掘开发草地生态旅游资源

充分挖掘西藏生态旅游资源,开发具有西藏特色的生态旅游业。西藏草原广袤,野生动物游弋,景色优美,雪山、高原、森林、草原、湖泊等自然景观与草原游牧文化景观交相辉映,构成了丰富多样且具有藏民族特色的生态文化旅游资源,加快草地生态旅游资源开发步伐是西藏实现生态产品价值化的重要途径。未来重点加强羌塘草原生态旅游与探险、藏南湖盆草原区、昌都邦达草原区的草原风情游和生态游等资源型项目开发,促进牧民就业和收入渠道多样化。

第五节　结论

西藏草地资源开发历史悠久,早在 4600 年前,史前游牧业已经兴起,牲畜既是先民们生产和再生产的重要生产资料,又是先民们衣食住行赖以依存的生活资料。游牧半游牧的生产生活方式持续了几千年,支撑着藏民族的繁衍生息。

从 1959 年西藏民主改革以后,随着人民公社制、牲畜牧民家庭承包制、草场-牲畜牧民家庭双承包制等草地所有制的变革,西藏草地资源利用经历了不同的发展阶段,畜牧业得到了快速发展,畜产品综合生产能力也大幅提升。但由于西藏高寒干旱、大风低温、无霜期短、土壤肥力差等诸多不利的自然环境因素制约,草地生态环境脆弱,植被覆盖度低,草地承载压力不高,极易产生退化。在人类活动干扰下,草地沙漠化和荒漠化等问题突出,草地生态功能受到严重损害。

在我国生态文明建设的大背景下,为保障青藏高原生态安全屏障功能,促进农牧民增收致富,西藏纯牧区草地资源开发利用必须坚持生态保护优先,基于草畜平衡,适度进行草地资源开发利用;充分利用农牧交错区和农区的水热条件,优化传统的土地利用结构和种植结构,把饲草种植基地和高效畜牧业从牧区转移到农牧交错区和农区,实现草原"生态置换",减轻草原放牧压力。开发草地经济植物资源和生态旅游资源,提高土地资源利用的多功能性和产出效率。

参考文献

Gao Q. Z., Li Y., Wan Y. F., et al. Significant Achievements in Protection and Restoration of Alpine Grassland Ecosystem in Northern Tibet, China [J]. Restoration Ecology, 2010, 17 (3): 320-323.

Huang lin, Cao Wei, Wu Dan, Gong Guoli, Zhao Guodong. Assessment on the Changing Conditions of Ecosystems in Key Ecological Function Zones in China [J]. Chinese Journal of Applied Ecology, 26 (2015): 2758-2766.

Piao S., Cui M., Chen A., et al. Altitude and Temperature Dependence of Change in the Spring Vegetation Green-up Date from 1982 to 2006 in the Qinghai-Xizang Plateau [J]. Agricultural & Forest Meteorology, 2011, 151 (12): 1599-1608.

Shang Z., Gibb M., Leiber F., et al. The Sustainable Development of Grassland-Livestock Systems on the Tibetan Plateau: Problems, Strategies and Prospects [J]. Rangeland Journal, 2014, 36 (3): 267-296.

Shao Quanqin, Cao Wei, Fan Jiangwen, HUANG Lin, XU Xinliang. Effects of an ecological conservation and restoration project in the Three-River Source Region, China [J]. Journal of Geographical Sciences, 27 (2017): 183-204.

X. Peng, T. Zhang, O. W. Frauenfeld, K. Wang, B. Cao, X. Zhong, H. Su, C. Mu, Response of Seasonal Soil Freeze Depth to Climate Change Across China [J]. The Cryosphere, 2017, 11 (?) 1059-1073.

Y. Wu, W. Ouyang, Z. Hao, C. Lin, H. Liu, Y. Wang, Assessment of Soil Erosion Characteristics in Response to Temperature and Precipitation in a Freeze-Thaw Watershed [J]. Geoderma, 2018, 328 (?): 56-65.

Yang Y., Fang J., Tang Y., et al. Storage, Patterns and Controls of Soil Organic Carbon in the Tibetan Grasslands [J]. Global Change Biology, 2008, 14 (7): 1592-1599.

巴桑参木决，温仲明，刘洋洋等，2022，《西藏草地净初级生产力的时空格局演变及其驱动机制分析》，《草地学报》第4期。

白永飞，赵玉金，王扬等，2020，《中国北方草地生态系统服务评估和功能区划助力生态安全屏障建设》，《中国科学院院刊》第6期。

曹志翔，2006，《青藏高原生态环境与西藏水土保持关系》，《西藏科技》第10期。

陈伊多，杨庆媛，2022，《西藏自治区土地利用/覆被变化时空演变特征及驱动因素》，《水土保持学报》第5期。

崔恒心，维纳汉，1997，《西藏草地类型及其地理分布规律》，《草原与草坪》第4期。

邓艾，2005，《青藏高原草原牧区生态经济研究》，北京：民族出版社。

杜帛洋，郭永刚，关法春等，2023，《西藏高寒草地退化现状与修复途径》，《特种经济动植物》第7期。

杜岩功，梁东营，曹广民等，2008，《放牧强度对嵩草草甸草毡表层及草地营养和水分利用的影响》，《草业学报》第 3 期。

呷绒翁姆，2022，《西藏草原生态环境与畜牧业经济协同发展研究》，西藏大学。

龚诗涵，肖洋，郑华等，2017，《中国生态系统水源涵养空间特征及其影响因素》，《生态学报》第 7 期。

巩国丽，刘纪远，邵全琴，2014，《草地覆盖度变化对生态系统防风固沙服务的影响分析——以内蒙古典型草原区为例》，《地球信息科学学报》第 3 期。

胡玲，孙聪，范闻捷等，2021，《近 20 年防风固沙重点生态功能区植被》，《生态学报》第 21 期。

黄麟，曹巍，吴丹等，2016，《西藏高原生态系统服务时空格局及其变化特征》，《自然资源学报》第 4 期。

霍巍，2013，《试论西藏高原的史前游牧经济与文化》，《西藏大学学报》（社会科学版）第 1 期。

蒋志刚，江建平，王跃招等，2016，《中国脊椎动物红色名录》，《生物多样性》第 5 期。

兰玉蓉，2004，《青藏高原高寒草甸草地退化现状及治理对策》，《青海草业》第 1 期。

李建东，方精云，2017，《中国草原的生态功能研究》，北京：科学出版社。

李文华，赖世登，1994，《中国农林复合经营》，北京：科学出版社。

李永宪，1992，《略论西藏的细石器遗存》，《西藏研究》第 1 期。

刘军会，高吉喜，聂亿黄等，2009，《青藏高原生态系统服务价值的遥感测算及其动态变化》，《地理与地理信息科学》第 3 期。

刘洋洋，任涵玉，周荣磊等，2021，《中国草地生态系统服务价值估算及其动态分析》，《草地学报》第 7 期。

刘月，赵文武，贾立志，2019，《土壤保持服务：概念、评估与展望》，《生态学报》第 2 期。

苗彦军，付娟娟，孙永芳等，2014，《牦牛放牧模式对西藏高山嵩草草甸群落特征的影响》，《草地学报》第 5 期。

邵伟，蔡晓布，2008，《西藏高原草地退化及其成因分析》，《中国水土保持科学》第 1 期。

沈海花，朱言坤，赵霞等，2016，《中国草地资源的现状分析》，《科学通报》第 2 期。

四川大学中国藏学研究所，2008，《皮央·东嘎遗址考古报告》，成都：四川人民出版社。

宋茜，2023，《GIS 支持下藏北草地生态工程的生态效应研究》，辽宁师范大学。

苏大学，1995，《西藏草地资源的结构与质量评价》，《草地学报》第 2 期。

索朗曲吉，单曲拉姆，格桑卓嘎等，2020，《西藏草地退化现状、原因分析及建议》，《西藏农业科技》第 3 期。

王根绪，沈永平，钱鞠等，2003，《高寒草地植被覆盖变化对土壤水分循环影响研究》，《冰川冻土》第 6 期。

王建林，常天军，李鹏等，2009，《西藏草地生态系统植被碳贮量及其空间分布格局》，《生态学报》第 2 期。

王明珂，2008，《游牧者的抉择：面对汉帝国的北亚游牧部族》，南宁：广西师范大学出版社。

王玮，2019，《西藏草地生态系统碳源/汇时空变化及其与气候因子关系》，长安大学。

王小丹，钟祥浩，刘淑珍等，2019，《西藏高原生态功能区划研究》，《地理科学》第 5 期。

王小丹，程根伟，赵涛等，2017，《西藏生态安全屏障保护与建设成效评估》，《中国科学院院刊》第 1 期。

魏聪，2022，《2000~2020 年西藏植被和水资源的时空格局变化及与气候相关性研究》，西藏大学。

魏梦莹，2018，《林芝地区森林植被分布及动态变化监测研究》，长安大学。

吴丹，邵全琴，刘纪远等，2016，《中国草地生态系统水源涵养服务时空变化》，《水土保持研究》第 5 期。

吴恒，朱丽艳，许先鹏等，2019，《昌都市草原资源现状特点及保护发展对策分析》，《林业建设》第 5 期。

吴晓燕，平措，2021，《西藏高原草地生态系统及其生态修复研究》，《环境保护科学》第 1 期。

西藏自治区农牧厅，2017，《西藏自治区草原资源与生态统计资料》，北京：中国农业出版社。

西藏自治区土地管理局，西藏自治区畜牧局，1994，《西藏自治区草地资源》，北京：科学出版社。

谢高地，张钇锂，鲁春霞等，2001，《中国自然草地生态系统服务价值》，《自然资源学报》第 1 期。

徐祥德，董李丽，赵阳等，2019，《青藏高原"亚洲水塔"效应和大气水分循环特征》，《科学通报》第 27 期。

杨春艳，沈渭寿，王涛，2015，《近 30 年西藏耕地面积时空变化特征》，《农业工程学报》第 1 期。

杨富裕，张蕴薇，苗彦军等，2004，《西藏草业发展战略研究》，《中国草地》第 4 期。

于格，鲁春霞，谢高地，2005，《草地生态系统服务功能的研究进展》，《资源科学》第 6 期。

于海彬，张镱锂，刘林山等，2018，《青藏高原特有种子植物区系特征及多样性分布格局》，《生物多样性》第 2 期。

张国平，刘纪远，张增祥，2003，《近 10 年来中国耕地资源的时空变化分析》，《地理学报》第 3 期。

张晓庆，参木友，2020，《西藏草地畜牧业发展现状与重点任务》，《中国草地学报》第 5 期。

赵会林，鲁新蕊，樊祥船，2012，《西藏地区水土流失现状及防治对策》，《中国水土保持科学》第 3 期。

赵同谦，欧阳志云，贾良清等，2004，《中国草地生态系统服务功能间接价值评价》，《生态学报》第 6 期。

周晶，2005，《20 世纪前半叶西藏社会生活状态研究（1900—1959）》，西北大学。

第十章　结论

在我们人类目前已知的宇宙星体中，唯有地球色彩斑斓，充满无限生机，其中尤以陆地部分生命有机体所展现出的活力最为旺盛。

新近的科学研究表明，目前地球全部生物量（活生物体内剔除水分之后有机物的重量，下同）大约在 5500 亿 t C。不考虑地下部分，全球陆地表层生态系统的生物总量约为 4700 亿 t C，占全球地表生物总量的 98.7%；与之相比，全球海洋水生生态系统的生物量仅为 60 亿 t C，占全球生物总量的 1.3%。就陆生植物系统生物量的空间分布而言，林地系统的生物量高达 3051 亿 t C，占陆生植物系统生物总量的 67.8%；草地系统的生物量则在 1005 亿 t C 以上，占陆生植物系统生物总量的 22.3%；耕地系统的生物量约为 444 亿 t C，仅占陆生植物系统生物总量的 9.9%。

这一新的研究成果引发了人们对地球生态系统的再认识：即陆地是地球表层物质能量空间交换最为活跃和最为集中的场所，是地球生物发育的最重要栖息地，因而成为包括人类在内的所有地球陆生生物群体演化的核心平台。这正是人类所认知的土地概念的基本内涵。

在地球陆地生态系统中，绿色植被的生长及分布决定着包括人类在内所有动物或异养生物种群的生存命运，其中，草地与林地所代表的是地球大陆物质能量交换最为成功的两大主体生态系统。然而就生物物种发育的环境适应性而言，由于草本植物的适应能力强，特别是在干旱、半干旱及寒冷高原地区，且物种发育宜于为外部环境（自然和人工）所驯化，因而成为陆地绿色植被分布面积最为广泛的生物物种。目前包括自然与人工牧场在内的草地和耕地面积分别占全球陆地总面积的 30.9% 和 10.1%，两者的空间占比合计相当于林地占比的 1.44 倍。

作为地球大地之子，人类的祖先诞生于稀树草原，人类的文明成长于广袤草地。以草为本的持续土地资源开发和利用成就了人类文明的发育和进步。翻阅史籍不难发现，支撑人类文明发育的资源基础就是长期默默无闻的草本植物及其栖息地，也就是人们常说的草地及其生物链。不用说采集游猎时期的基本食物来源，就说人类社会在农业和工业两大文明时期的主要食物来源，从五谷到菜蔬果品，从油料糖类到草药香料，从猪马牛羊到各类家禽，无一不是源自草本植物生产及其异养动物发育的生物链母本。即使是工业文明初始阶段的原始资本和技术积累也是建立在同样的物质能量交换基础之上。

然而，自工业革命以来，在资本积累和利益最大化的驱动下，人类盲目地扩大自身土地开发和利用的边界，以致严重地破坏了土地物质能量自然供应和交换能力的平衡，最终造成了全球人地关系紧张局面的出现，且日趋严峻。环顾今日的地球，气候变暖、物种灭绝、土地荒漠化、粮食危机和水资源与能源短缺等环境的挑战已经严重地威胁到包括我们人类在内所有地球生物物种的持续生存和发展。

人类历史表明，土地资源的开发及其利用的空间重组是人类社会发展进步的基本保障和重要手段，是人地关系演绎的核心组成部分。从农业文明时期的乡土单一开发构成到工业文明时期的城乡二元为主的结构，再到生态文明时期的多元共生结构的转变正是目前世界各国土地利用已经和正在经历的实践进程。所不同者，国家发展越是现代化，其土地利用空间重组的主动意愿也就越是强烈，行为的目标也就越是明确。导致人类土地利用从被动到主动转变的原因在于，一旦进入现代文明发展时期之后，国家人地关系的演进不仅意味着人文社会财富创造能力的不断增强，而且也意味着资源环境开发所面临的挑战日益增大，为此不得不通过主动的土地利用空间重组得以改善。

中国是世界上草地资源的大国之一。中国的草地资源开发在古代文明时期人地关系的长期发育过程中发挥着无可取代的作用。翻阅史籍不难发现，中国的人文社会发展恰恰就是一部游牧与农耕两大文明长期冲突和融合的过程，而支撑中华文明长期发育的两大基础资源要素就是草地与耕地。换言之，这种两大文明的冲突和融合也可以被称为天然草地生态系统和人工种植生态系统两种发育方式的长期博弈和融合。然而当国家发展进入工业文明阶段之后，因传统生产经营无法适应社会财富快速积累的需求，中国草地资源的开发便被迅速地边缘化了。其结果是，在土地生物物质的产出趋向单一化（粮食生产）的同时，造成我国草地资源开发规模和质量的全面下降。

经历了 70 多年的大规模工业化开发，我国目前正处于国家现代化发展的关键转型阶段。一方面，实现从养活中国人向养好中国人的基本诉求转变，这是国家当下发展的第一要务；另一方面要完成从工业文明向生态文明的有序转变，这是国家发展的长期目标所在。显然，没有社会财富高质量积累和土地资源开发有效空间重组的时空协调和统一，国家现代人地关系的和谐演进便无法持续。

需要指出的是，我国的土地开发已有超过 5000 年的历史，土地质量的改善和提升决定着整个国家持续发展的前途和命运。有鉴于此，我国未来土地利用空间重组的一项基本任务应是：通过天然草场的成功修复和荒漠化的科学治理以不断扩展我国人地关系和谐发展的有效回旋空间。这正是我国未来草地资源开发的基本任务和核心内涵。

图书在版编目（CIP）数据

草地开发与土地利用／张雷等著. -- 北京：社会
科学文献出版社，2024.5
　ISBN 978-7-5228-3715-4

　Ⅰ.①草…　Ⅱ.①张…　Ⅲ.①草原开发-研究-中国
②土地利用-研究-中国　Ⅳ.①S812.5②F321.1

中国国家版本馆 CIP 数据核字（2024）第 107027 号

草地开发与土地利用

著　　者／张　雷　等

出　版　人／冀祥德
组稿编辑／任文武
责任编辑／张丽丽　吴尚昀
责任印制／王京美

出　　　版／社会科学文献出版社·生态文明分社（010）59367143
　　　　　　地址：北京市北三环中路甲 29 号院华龙大厦　邮编：100029
　　　　　　网址：www.ssap.com.cn
发　　　行／社会科学文献出版社（010）59367028
印　　　装／三河市东方印刷有限公司

规　　　格／开　本：787mm×1092mm　1/16
　　　　　　印　张：15.25　字　数：245 千字
版　　　次／2024 年 5 月第 1 版　2024 年 5 月第 1 次印刷
书　　　号／ISBN 978-7-5228-3715-4
定　　　价／88.00 元

读者服务电话：4008918866

▲ 版权所有 翻印必究